普通高等学校网络工程专业规划教材

计算机网络工程实验教程

沈鑫剡 俞海英 伍红兵 胡勇强 李兴德 编著

清华大学出版社

北京

内 容 简 介

本书是与《计算机网络工程》教材配套的实验指导书,书中详细介绍了在 Cisco Packet Tracer 软件实验平台上完成校园网、企业网、大型 ISP 网络、接入网、虚拟专用网和 IPv6 网络设计、配置与调试的过程和步骤。

本书从实验原理、实验过程中使用的 Cisco IOS 命令和实验步骤三个方面对每一个实验进行深入讨论,不仅便于读者掌握用 Cisco 网络设备完成各种类型网络设计、配置与调试的过程和步骤,更能使读者进一步理解实验所涉及的原理和技术。

本书适合作为高等学校计算机专业及相关专业教学用书,同时也可供相关技术人员参考。

图书在版编目(CIP)数据

计算机网络工程实验教程/沈鑫剡等编著.—北京:清华大学出版社,2013(2019.12重印)
普通高等学校网络工程专业规划教材
ISBN 978-7-302-33035-6

Ⅰ.①计…　Ⅱ.①沈…　Ⅲ.①计算机网络—高等学校—教材　Ⅳ.①TP393

中国版本图书馆 CIP 数据核字(2013)第 145959 号

责任编辑:袁勤勇　顾　冰
封面设计:常雪影
责任校对:白　蕾
责任印制:李红英

出版发行:清华大学出版社
　　　　网　　　址:http://www.tup.com.cn,http://www.wqbook.com
　　　　地　　　址:北京清华大学学研大厦 A 座　　　　　　邮　　编:100084
　　　　社 总 机:010-62770175　　　　　　　　　　　　　邮　　购:010-62786544
　　　　投稿与读者服务:010-62776969,c-service@tup.tsinghua.edu.cn
　　　　质量反馈:010-62772015,zhiliang@tup.tsinghua.edu.cn
　　　　课件下载:http://www.tup.com.cn,010-62795954

印 装 者:北京九州迅驰传媒文化有限公司
经　　销:全国新华书店
开　　本:185mm×260mm　　　印　　张:14.25　　　字　　数:349 千字
版　　次:2013 年 9 月第 1 版　　　　　　　　　　　　印　　次:2019 年 12 月第 8 次印刷
定　　价:29.00 元

产品编号:053891-02

前　言

本书是与《计算机网络工程》教材配套的实验教材,书中详细介绍在 Cisco Packet Tracer 软件实验平台上完成校园网、企业网、大型 ISP 网络、接入网、虚拟专用网和 IPv6 网络设计、配置与调试的过程和步骤。

本书将完整网络的设计过程分解为多个实验,逐个增加实验的功能,最终完成完整网络的设计、配置和调试过程。每一个实验分实验原理、实验过程中使用的 Cisco IOS 命令和实验步骤三个方面进行深入讨论,不仅便于读者掌握用 Cisco 网络设备完成各种类型网络设计、实施的方法和步骤,更能使读者进一步理解实验所涉及的原理和技术。

Cisco Packet Tracer 软件实验平台的人机界面非常接近实际设备的配置过程,除了连接线缆等物理动作外,读者通过 Cisco Packet Tracer 软件实验平台完成实验与通过实际 Cisco 网络设备完成实验几乎没有差别,通过 Cisco Packet Tracer 软件实验平台,读者完全可以完成校园网、企业网、大型 ISP 网络、接入网、虚拟专用网和 IPv6 网络的设计、配置和调试过程。更为难得的是,Cisco Packet Tracer 软件实验平台可以模拟 IP 分组端到端传输过程中交换机、路由器等网络设备处理 IP 分组的每一个步骤,显示各个阶段应用层报文、传输层报文、IP 分组、封装 IP 分组的链路层帧的结构、内容和首部中每一个字段的值,使得读者可以直观了解 IP 分组的端到端传输过程及 IP 分组端到端传输过程中各层 PDU 的细节和变换过程。

"计算机网络工程"课程本身是一门实验性很强的课程,需要通过实际网络设计过程来加深学生对教学内容的理解,培养学生分析、解决问题的能力,但实验又是一大难题,因为很少有学校可以提供设计、实施各种类型网络的网络实验室,Cisco Packet Tracer 软件实验平台和本书很好地解决了这一难题。

作为与《计算机网络工程》教材配套的实验教材,本书和《计算机网络工程》教材相得益彰,教材内容为读者提供了校园网、企业网、大型 ISP 网络、接入网、虚拟专用网和 IPv6 网络的设计原理和方法。本书提供了在 Cisco Packet Tracer 软件实验平台上运用教材内容提供的理论和方法设计、配置和调试各种类型网络的过程和步骤,读者用教材提供的网络设计原理和方法指导实验,反过来又通过实验来加深理解教材内容,课堂教学和实验形成良性互动。

本书既是一本与《计算机网络工程》教材配套的实验指导书,又是一本指导读者用 Cisco 网络设备完成校园网、企业网、大型 ISP 网络、接入网、虚拟专用网和 IPv6 网络设计、实施的网络工程手册。

本书由解放军理工大学的沈鑫剡、俞海英、伍红兵、胡勇强和李兴德共同编写,由沈鑫剡定稿。限于作者的水平,书中不足和错误之处在所难免,殷切希望使用本书的老师和学生批评指正,也殷切希望读者能够就本书内容和叙述方式提出宝贵建议和意见,以便进一步完善本书内容。作者 E-mail 地址为 shenxinshan@163.com。

作者

2013 年 6 月

C O N T E N T S

目　录

CONTENTS

CONTENTS

C O N T E N T S

C O N T E N T S

CONTENTS

CONTENTS

第1章 计算机网络工程实验基础

Cisco Packet Tracer 是一个非常理想的软件实验平台,可以完成校园网、企业网、大型 ISP 网络、接入网、虚拟专用网和 IPv6 网络的设计、配置和调试过程。除了不能实际接触外,Cisco Packet Tracer 提供了与实际实验环境几乎一样的仿真环境。

1.1 Packet Tracer 5.3 使用说明

1.1.1 功能介绍

"计算机网络工程"课程的教学目标是使学生具备设计并实现校园网、企业网、大型 ISP 网络、接入网、虚拟专用网和 IPv6 网络的能力。需要通过两个方面完成这种能力的培养过程:一是通过"计算机网络工程"课程的学习,掌握校园网、企业网、大型 ISP 网络、接入网、虚拟专用网和 IPv6 网络的普遍性设计原则、方法和过程。二是通过实验完成校园网、企业网、大型 ISP 网络、接入网、虚拟专用网和 IPv6 网络的设计、配置和调试过程,并通过实验加深了解交换式以太网和互联网相关算法和协议的工作原理与实现过程,网络安全相关理论、协议和技术的工作原理与实现过程。但目前很少有学校可以提供能够完成各种类型网络设计、实施实验的网络实验室。另外,对于一个初学者而言,掌握设计、配置和调试网络的过程固然重要,掌握分组端到端传输过程更加重要,而一般的实验环境无法让初学者观察、分析分组端到端传输过程中的每一个步骤。

Cisco Packet Tracer 5.3 是 Cisco(思科)公司为网络初学者提供的一个学习软件,初学者通过 Packet Tracer 可以用 Cisco 网络设备设计、配置和调试各种类型的网络,而且可以模拟分组端到端传输过程中的每一个步骤,除了不能实际接触外,Packet Tracer 提供了和实际实验环境几乎一样的仿真环境。

1. 网络设计、配置和调试过程

根据网络设计要求选择 Cisco 网络设备,如路由器、交换机等,用合适的传输媒体将这些网络设备互连在一起,进入设备配置界面对网络设备逐一进行配置,通过启动分组端到端传输过程检验连接在网络上的任意两个终端之间的连通性。如果发现问题,通过检查网络拓扑结构、互连网络设备的传输媒体、设备配置、设备建立的控制信息(如交换机转发表、路由器路由表等)确定问题的起因,并加以解决。

2. 模拟协议操作过程

网络中分组端到端传输过程是各种协议、各种网络技术相互作用的结果,因此,只有了解网络环境下各种协议的工作流程、各种网络技术的工作机制及它们之间的相互作用过程,才能掌握完整、系统的网络知识。对于初学者,掌握网络设备之间各种协议实现过程中相互传输的报文类型、报文格式、报文处理流程对理解网络工作原理至关重要,Packet Tracer 模拟操作模式给出了网络设备之间各种协议实现过程中每一个步骤涉及的报文类型、报文格式及报文处理流程,可以让初学者观察、分析协议实现的每一个细节。

3. 验证教材内容

《计算机网络工程》教材的主要特色是为每一种类型的网络构建一个读者能够理解的网络环境,并在该网络环境下详细讨论该类网络的普遍性设计原则、方法和过程,而且所提供的网络环境和人们实际应用中所遇到的实际网络十分相似,较好地解决了课程内容和实际应用的衔接问题。在教学过程中,可以用 Packet Tracer 完成教材中每一个网络环境的设计、配置和调试过程,同时可以用 Packet Tracer 模拟操作模式给出协议实现过程中的每一个步骤,以及每一个步骤涉及的报文类型、报文格式和报文处理流程,以此验证教材内容,并通过验证过程更进一步加深读者对教材内容的理解,真正做到弄懂弄透。

1.1.2 用户界面

启动 Packet Tracer 5.3 后,出现图 1.1 所示的用户界面。

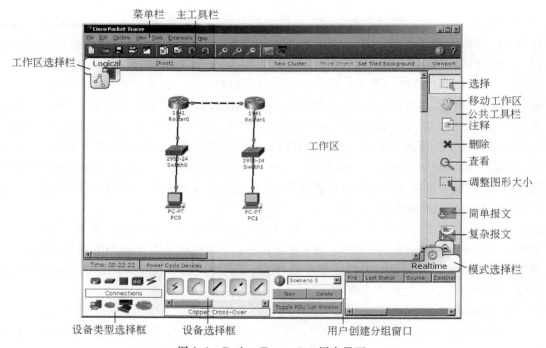

图 1.1 Packet Tracer 5.3 用户界面

下面分别介绍各选项的作用。

菜单栏:提供该软件的 7 个菜单,其中文件(File)菜单给出工作区新建、打开和存储文件命令。编辑(Edit)菜单给出复制、粘贴和撤销输入命令。选项(Options)菜单给出 Packet Tracer 的一些配置选项。视图(View)菜单给出放大、缩小工作区中某个设备的命令。工具(Tools)菜单给出几个分组处理命令。扩展(Extensions)菜单给出有关 Packet Tracer 扩展功能的子菜单。帮助(Help)菜单给出 Packet Tracer 详细的使用说明,所有初次使用 Packet Tracer 的读者必须详细阅读帮助菜单中给出的使用说明。

主工具栏:给出 Packet Tracer 常用命令,这些命令通常包含在各个菜单中。

公共工具栏：给出对工作区中构件进行操作的工具。查看工具用于检查网络设备生成的控制信息，如路由器路由表、交换机转发表等。删除工具用于在工作区中删除某个网络设备。选择工具用于在工作区中移动某个指定区域，通过拖放鼠标指定工作区的某个区域，然后在工作区中移动该区域。当需要从其他工具中退出时，单击选择工具。移动工作区工具用于将工作区任意位置移动到当前用户界面中。注释工具用于在工作区任意位置添加注释。调整图像大小工具用于任意调整通过绘图工具绘制的图形的大小。

工作区：作为逻辑工作区时，用于设计网络拓扑结构、配置网络设备、检测端到端连通性等。作为物理工作区时，给出城市布局、城市内建筑物布局和建筑物内配线间布局等。

工作区选择栏：用于选择物理工作区和逻辑工作区。物理工作区中可以设置配线间所在建筑物或城市的物理位置，网络设备可以放置在各个配线间中，也可以直接放置在城市中。逻辑工作区中给出各个网络设备之间连接状况和拓扑结构。可以通过物理工作区和逻辑工作区的结合检测互连网络设备的传输媒体的长度是否符合标准要求，如一旦互连两个网络设备的双绞线缆长度超过 100m，两个网络设备连接该双绞线缆的端口将自动关闭。

模式选择栏：用于选择实时操作模式和模拟操作模式。实时操作模式可以验证网络任何两个终端之间的连通性。模拟操作模式可以给出分组端到端传输过程中的每一个步骤，以及每一个步骤涉及的报文类型、报文格式和报文处理流程。

设备类型选择框：设计网络时，可以选择多种不同类型的 Cisco 网络设备，设备类型选择框用于选择网络设备的类型，有路由器（Router）、交换机（Switche）、集线器（Hub）、无线设备（Wireless Devices）、连接线（Connection）、终端设备（End Device）、广域网仿真设备（WAN Emulation）和定制设备（Custom Made Device）等。广域网仿真设备用于仿真广域网，如公共交换电话网（Public Switched Telephone Network ，PSTN）、非对称数字用户线（Asymmetric Digital Subscriber Line，ADSL）等。定制设备用于用户创建根据特定需求完成模块配置的设备，如安装无线网卡的终端、安装扩展接口的路由器等。

设备选择框：用于选择指定类型的网络设备型号，如果在设备类型选择框中选中路由器，可以通过设备选择框选择 Cisco 各种型号的路由器。

用户创建分组窗口：为了检测网络任意两个终端之间的连通性，需要生成并端到端传输分组。为了模拟协议操作过程和分组端到端传输过程中的每一个步骤，也需要生成分组，并启动分组端到端传输过程，用户创建分组窗口就用于用户创建分组并启动分组端到端传输过程。

1.1.3　工作区分类

工作区选择作为物理工作区时，用于给出城市间地理关系，每一个城市内建筑物布局，建筑物内配线间布局，如图 1.2 所示。当然，也可以直接在城市中某个位置放置配线间和网络设备。New City 按钮用于在物理工作区创建一座新的城市。同样，New Building、New Closet 按钮用于在物理工作区创建一栋新的建筑物和一间新的配线间。一般情况下，是在指定城市中创建并放置新的建筑物，在指定建筑物中创建并放置新的配线间。逻辑工作区中创建的网络所关联的设备初始时全部放置于公司所在城市（Home City）的办公楼（Corporate Office）内的主配线间（Main Wiring Closet）中，可以通过 Move Object 菜单完成网络设备配线间之间的移动，也可直接将设备移动到城市中。当两个互连的网络设备放置在不同的配线间时,或城市不同位置时,可以计算出互连这两个网络设备的传输媒体的长度。如果启动物理工作区距离和逻辑工作区设备之间连通性之间的关联,一旦互连两个网络设备之间的传输媒体距离超出标准要求,两个网络设备连接该传输媒体的端口将自动关闭。

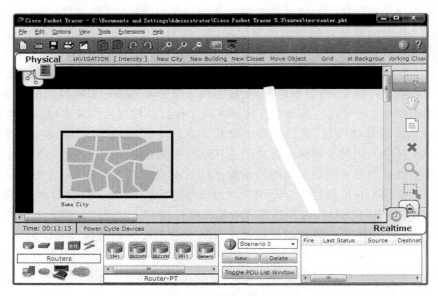

图 1.2　物理工作区

1.1.4　操作模式

　　Packet Tracer 操作模式分为实时操作模式和模拟操作模式,实时操作模式仿真网络实际运行过程,用户可以检查网络设备配置,转发表、路由表等控制信息,通过发送分组检测端到端连通性。模拟操作模式下,用户可以观察、分析分组端到端传输过程中的每一个步骤。图 1.3 是模拟操作模式的用户界面,事件列表(Event List)给出协议报文或分组的逐段传输过程,单击事件列表中某个报文,可以查看该报文内容和格式。情节(Scenario)用于设定模拟操作模式需要模拟的过程,如分组的端到端传输过程。Auto Capture/Play 按钮用于启动整个模拟操作过程,按钮下面的滑动条用于控制模拟操作过程的速度,事件列表列出根据情节进行的模拟操作过程所涉及的协议报文或分组的逐段传输过程。Capture/Forward 按钮用于单步推进模拟操作过程。Back 按钮用于回到上一步模拟操作结果。编辑过滤器(Edit Filters)按钮用于选择情节模拟操作过程中涉及的协议。通过单击事件列表中的协议报文或分组可以详细分析协议报文或分组格式,对应段相关网络设备处理该协议报文或分组的流程和结果。因此,模拟操作模式是找出网络不能正常工作的原因的理想工具,同时也是初学者深入了解协议操作过程和网络设备处理协议报文或分组的流程的理想工具。模拟操作模式是实际网络环境无法提供的学习工具。

1.1.5　设备类型和配置方式

　　Packet Tracer 提供了设计各种类型网络可能涉及的网络设备类型,如路由器、交换机、集线器、无线设备、连接线、终端设备、广域网仿真设备和定制设备等。其中广域网仿真设备

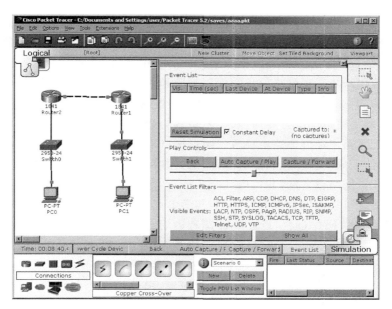

图 1.3 模拟操作模式

用于仿真广域网,如 PSTN、ADSL 和帧中继等,通过广域网仿真设备可以设计出广域网为互连路由器的传输网络的复杂互连网络。

一般在逻辑工作区和实时操作模式下进行网络设计。如果用户需要将某个网络设备放置到工作区中,用户在设备类型选择框中选择特定设备类型,如路由器,然后在设备选择框中选择特定设备型号,如 Cisco 1841 路由器,按住鼠标左键将其拖放到工作区的任意位置,释放鼠标左键。单击网络设备进入网络设备的配置界面,每一个网络设备通常有物理(Physical)、图形接口(Config)和命令行接口(CLI)三个配置选项,物理配置选项用于为网络设备选择可选模块。图 1.4 是路由器 1841 的物理配置界面,可以为路由器的两个插槽选

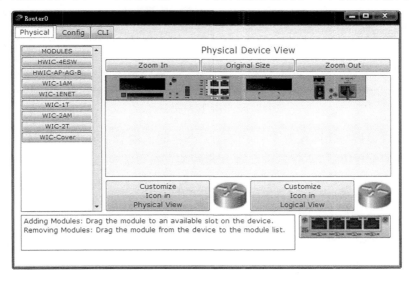

图 1.4 路由器 1841 物理配置界面

择模块。为了将某个模块放入插槽,首先关闭电源,然后选定模块,按住鼠标左键将其拖放到指定插槽,释放鼠标左键。如果需要从某个插槽取走模块,同样也是先关闭电源,然后选定某个插槽模块,按住鼠标左键将其拖放到模块所在位置,释放鼠标左键。插槽和可选模块允许用户根据应用环境扩展网络设备的接口类型和数量。

图形接口为初学者提供方便、易用的网络设备配置方式,是初学者入门的捷径。图1.5是路由器1841图形接口的配置界面,初学者很容易通过图形接口配置路由器接口的IP地址、子网掩码,配置路由器静态路由项等。图形接口不需要初学者掌握Cisco IOS(互联网操作系统)命令就能完成一些基本功能的配置,配置过程直观、简单且容易理解。更难得的是,在用图形接口配置网络设备的同时,Packet Tracer给出完成同样配置过程需要的IOS命令序列。通过图形接口提供的基本配置功能,初学者可以完成简单网络的配置,并观察简单网络的工作原理和协议操作过程,以此验证课程内容。但随着课程内容的深入和复杂网络设计,要求读者能够通过命令行接口配置网络设备的一些复杂的功能,因此,一开始用图形接口和命令行接口两种配置方式完成网络设备的配置过程,通过相互比较,进一步加深对Cisco IOS命令的理解,随着课程学习的深入,强调用命令行接口完成网络设备的配置过程。

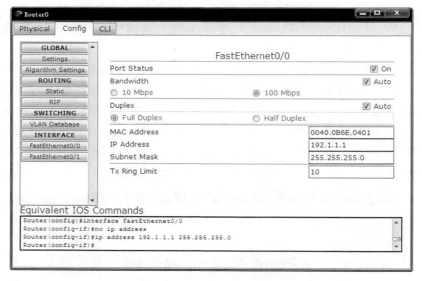

图1.5　图形接口配置界面

命令行接口提供与实际配置Cisco设备完全相同的配置界面和配置过程,因此是读者需要重点掌握的配置方式,掌握这种配置方式的难点在于需要读者掌握Cisco IOS命令,并会灵活运用这些命令。因此,在以后章节中不仅对用到的Cisco IOS命令进行解释,还对命令的使用方式进行讨论,让学生对Cisco IOS命令有较为深入的理解。图1.6是命令行接口的配置界面。

本节只对Packet Tracer 5.3作一些基本介绍,具体通过Packet Tracer 5.3完成网络设计、配置和调试的过程与步骤在以后讨论具体网络实验时再予以详细的讲解。

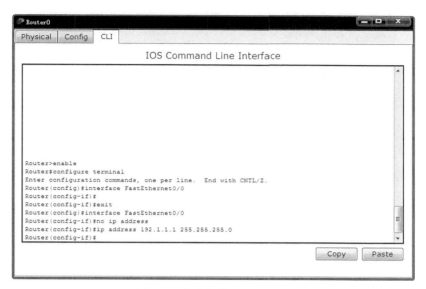

图 1.6　命令行接口配置界面

1.2　IOS 命令模式

Cisco 网络设备可以视为专用计算机系统,同样由硬件系统和软件系统组成,核心系统软件是互联网操作系统(Internetwork Operating System,IOS),IOS 用户界面是命令行界面,用户通过输入命令实现对网络设备的配置和管理。为了安全,IOS 提供三种命令行模式,分别是用户模式(User Mode)、特权模式(Privileged Mode)和全局模式(Global Mode),不同模式下,用户具有不同的配置和管理网络设备的权限。

1.2.1　用户模式

用户模式是权限最低的命令行模式,用户只能通过命令查看一些网络设备的状态,没有配置网络设备的权限,也不能修改网络设备状态和控制信息。用户登录网络设备后,进入用户模式。图 1.7 给出了用户模式下可以输入的命令列表。

用户模式的命令提示符如下:

```
Router>
```

Router 是默认的主机名,全局模式下可以通过命令 hostname 修改默认的主机名。如在全局模式下输入命令 Router(config)♯hostname routerabc,用户模式的命令提示符变为:

```
routerabc>
```

在用户模式命令提示符下,用户可以输入图 1.7 所列出的命令,命令格式和参数在以后完成具体网络设计和实施过程时讨论。需要指出的是,图 1.7 列出的命令不是配置网络设备、修改网络设备状态和控制信息的命令。

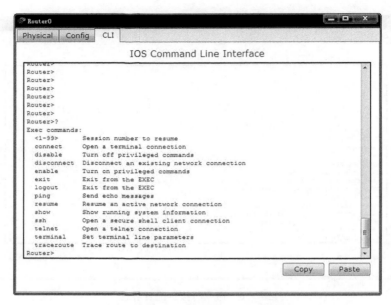

图 1.7　用户模式命令提示符和命令列表

1.2.2　特权模式

在用户模式命令提示符下输入命令 enable，进入特权模式。图 1.8 给出特权模式下可以输入的部分命令列表。为了安全，可以在全局模式下通过命令 Router(config)♯enable password abc 设置进入特权模式的口令 abc，一旦设置口令，在用户模式命令提示符下，不仅需要输入命令 enable，还需输入口令，如图 1.8 所示。

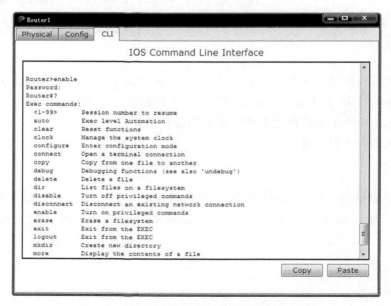

图 1.8　特权模式命令提示符和部分命令列表

特权模式命令提示符如下：

```
Router#
```

同样，Router 是默认的主机名。特权模式下，用户可以修改网络设备的状态和控制信息，如交换机转发表（MAC Table），但不能配置网络设备。

1.2.3 全局模式

在特权模式命令提示符下输入命令 configure terminal，进入特权模式。图 1.9 给出了从用户模式进入全局模式的过程和全局模式下可以输入的部分命令列表。

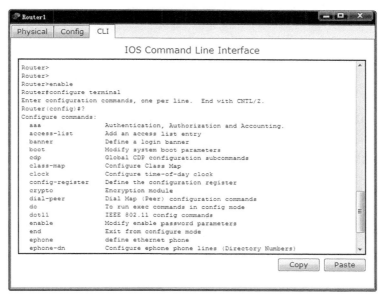

图 1.9 全局模式命令提示符和部分命令列表

全局模式命令提示符如下：

```
Router(config)#
```

同样，Router 是默认的主机名。全局模式下，用户可以对网络设备进行配置，如配置路由器的路由协议和参数，对交换机基于端口划分 VLAN 等。全局模式下用于完成对整个网络设备有效的配置，如果需要完成对网络设备部分功能块的配置，如路由器某个接口的配置，需要从全局模式进入这些功能块的配置模式。从全局模式进入路由器接口FastEthernet0/0 的配置模式需要输入的命令及路由器接口配置模式命令提示符如下：

```
Router(config)#interface FastEthernet0/0
Router(config-if)#
```

1.2.4 IOS 帮助工具

1. 查找工具

如果忘记某个命令，或是命令中的某个参数，可以通过输入"?"完成查找过程。在某种模式命令提示符下,通过输入"?",界面将显示该模式下允许输入的命令列表。如图 1.9 所示,在全局模式命令提示符下输入"?",界面将显示全局模式下允许输入的命令列表,如果单页显示不完的话,分页显示。

在某个命令中需要输入某个参数的位置输入"?",界面将列出该参数的所有选项。命令 router 用于为路由器配置路由协议,如果不知道如何输入选择路由协议的参数,在需要输入选择路由协议的参数的位置输入"?",界面将列出该参数的所有选项。下面是显示选择路由协议参数的所有选项的过程。

```
Router(config)#router ?
  bgp     Border Gateway Protocol (BGP)
  eigrp   Enhanced Interior Gateway Routing Protocol (EIGRP)
  ospf    Open Shortest Path First (OSPF)
  rip     Routing Information Protocol (RIP)
Router(config)#router
```

2. 部分字符

无论是命令还是参数,IOS 都不要求输入完整的单词,只需要输入单词中的部分字符,只要这一部分字符能够在命令列表中,或是参数的所有选项中能够唯一确定某个命令或参数选项。如在路由器中配置 RIP 路由协议的完整命令如下:

```
Router(config)#router rip
Router(config-router)#
```

但无论是命令 router,还是选择路由协议的参数 rip 都不需要输入完整的单词,而只需要输入单词中的部分字符,如下所示:

```
Router(config)#ro r
Router(config-router)#
```

由于全局模式下的命令列表中没有两个以上前两个字符是 ro 的命令,因此输入 ro 已经能够使 IOS 唯一确定命令 router。同样,路由协议的所有选项中没有两项以上是以字符 r 开头的,因此输入 r 已经能够使 IOS 唯一确定 rip 选项。

3. 历史命令缓存

通过↑键可以查找以前使用的命令,通过←和→键可以将光标移动到命令中需要修改的位置。如果某个命令需要输入多次,每次输入时个别参数可能不同,无须每一次全部重新输入命令及参数,可以通过↑键显示上一次输入的命令,通过←键移动光标到需要修改的位置,对命令中需要修改的部分进行修改即可。

1.3 网络设备配置方式

Cisco Packet Tracer 通过单击某个网络设备启动配置界面,在配置界面中选择图形接口,或命令行接口开始网络设备的配置过程,但实际网络设备的配置过程肯定与此不同。目前存在多种配置实际网络设备的方式,主要有控制台端口配置方式、Telnet 配置方式、Web 界面配置方式、SNMP 配置方式和配置文件加载方式等,Packet Tracer 支持除 Web

界面配置方式以外的其他所有配置方式。这里主要介绍控制台端口配置方式和 Telnet
配置方式。

1.3.1　控制台端口配置方式

1. 工作原理

交换机和路由器出厂时只有默认配置,如果需要对刚购买的交换机和路由器进行配置,
最直接的配置方式是采用图 1.10 所示的控制台端口配置方式,用串行口连接线互连 PC 的
RS-232 串行口和网络设备的控制台(Consol)端口,启动 PC 的超级终端程序,完成超级终端
配置,按 Enter 键进入网络设备的命令行配置界面。

| RS-232 | 控制台端口 | | RS-232 | 控制台端口 |
串行口连接线 | | 串行口连接线
(a) 路由器配置方式 | | (b) 交换机配置方式

图 1.10　控制台端口配置方式

一般情况下,通过控制台端口配置方式完成网络设备的基本配置,如交换机管理地址和
默认网关地址配置,路由器各个接口的 IP 地址、静态路由项或路由协议配置等。其目的是
建立终端与网络设备之间的传输通路,只有建立终端与网络设备之间的传输通路,才能通过
其他配置方式对网络设备进行配置。

2. Packet Tracer 实现过程

图 1.11 是 Packet Tracer 通过控制台端口配置方式完成交换机和路由器初始配置的界
面。在逻辑工作区中放置终端和网络设备,选择串行口连接线(Consol)互连终端与网络设
备。单击终端(PC0 或 PC1),启动终端的配置界面,选中桌面(Desktop)选项,单击终端
(Terminal),出现图 1.12 所示的 PC0 超级终端配置界面,单击 OK 按钮,进入网络设备命
令行配置界面。图 1.13 所示的是交换机命令行配置界面。

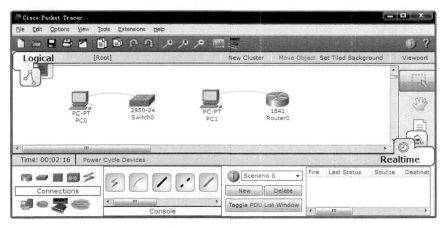

图 1.11　放置和连接设备后的逻辑工作区界面

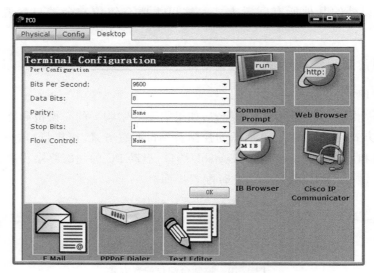

图 1.12　PC0 超级终端配置界面

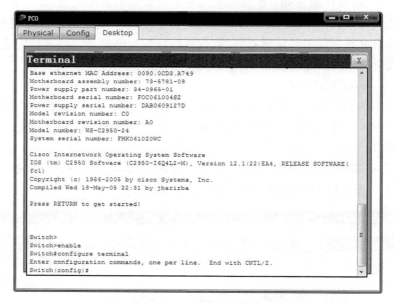

图 1.13　通过超级终端进入的交换机命令行配置界面

1.3.2　Telnet 配置方式

1. 工作原理

图 1.14 中的终端通过 Telnet 配置方式对网络设备实施远程配置的前提是交换机和路由器必须完成图 1.14 所示的基本配置,如路由器 R 需要完成图 1.14 所示的接口 IP 地址和子网掩码配置,交换机 S1 和 S2 需要完成图 1.14 所示的管理地址和默认网关地址配置,终端需要完成图 1.14 所示的 IP 地址和默认网关地址配置。只有完成上述配置后,终端与网络设备之间才能建立 Telnet 报文传输通路,终端才能通过 Telnet 远程登录网络设备。

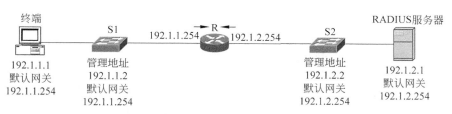

图 1.14　Telnet 配置方式

Telnet 配置方式与控制台端口配置方式的最大不同在于,Telnet 配置方式必须在已经建立终端与网络设备之间的 Telnet 报文传输通路的前提下进行,而且单个终端可以通过 Telnet 配置方式对一组已经建立与终端之间的 Telnet 报文传输通路的网络设备实施远程配置。控制台端口配置方式可以对单个通过串行口连接线连接的网络设备实施配置。

2. Packet Tracer 实现过程

图 1.15 是 Packet Tracer 实现用 Telnet 配置方式配置网络设备的逻辑工作区界面。首先需要在逻辑工作区放置和连接网络设备,对网络设备完成基本配置,建立终端 PC0 与各个网络设备之间的 Telnet 报文传输通路。为了建立终端 PC0 与各个网络设备之间的 Telnet 报文传输通路,需要对路由器 Router0 的接口配置 IP 地址和子网掩码,对终端 PC0 配置 IP 地址和默认网关地址等。对实际网络设备的基本配置一般通过控制台端口配置方式完成,因此,控制台端口配置方式在网络设备的配置过程中是不可或缺的。在 Packet Tracer 中,既可通过单击某个网络设备启动该网络设备的配置界面,也可以通过控制台端口配置方式逐个配置网络设备。由于课程学习的重点在于掌握原理和方法,因此在以后实验中,通常通过单击某个网络设备启动该网络设备的配置界面,通过配置界面提供的图形接口或命令行接口完成网络设备的配置过程。具体操作步骤和命令输入过程在后面详细讨论。

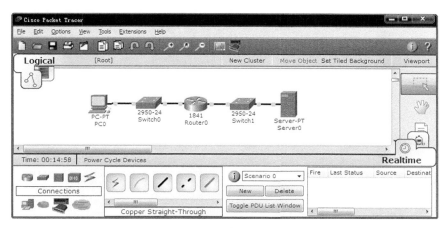

图 1.15　放置和连接设备后的逻辑工作区界面

一旦建立终端 PC0 与各个网络设备之间的 Telnet 报文传输通路,单击终端 PC0,进入终端的配置界面,选中桌面(Desktop)选项,单击命令提示符(Command Prompt),出现图 1.16 所示的命令提示符界面,通过建立与某个网络设备之间的 Telnet 会话开始通过 Telnet 配置方式配置该网络设备的过程。图 1.16 显示了终端 PC0 通过 Telnet 远程登录交换机 Switch0 后出现的交换机命令行配置界面。

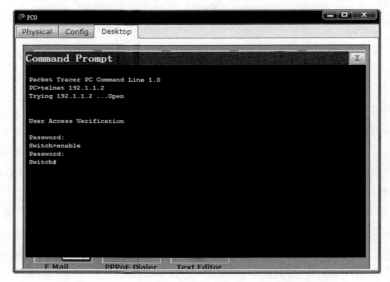

图 1.16　终端 PC0 远程配置交换机 Switch0 界面

第2章 校园网设计实验

校园网通常是以三层交换机为核心设备的交换式以太网，VLAN 划分、VLAN 间通信及 VLAN 间数据传输控制是校园网实施过程中的三个关键步骤。

2.1 直通线和交叉线

直通线和交叉线都是两端连接 RJ-45 连接器（俗称水晶头）的双绞线缆，一条双绞线缆包含 4 对 8 根线路，其中只有两对线路用于发送、接收信号，这两对线路分别是连接 RJ-45 连接器中编号为 1/2 的引脚的一对线路和编号为 3/6 的引脚的一对线路。如果双绞线缆两端按照图 2.1(a) 所示的 EIA/TIA568B 规格连接 RJ-45 连接器，称该双绞线缆为直通线。如果双绞线缆一端按照图 2.1(b) 所示的 EIA/TIA568A 规格连接 RJ-45 连接器，另一端按照图 2.1(a) 所示的 EIA/TIA568B 规格连接 RJ-45 连接器，称该双绞线缆为交叉线。图 2.2 给出直通线和交叉线的使用方式，直通线保证一端 RJ-45 连接器中编号为 1/2 的一对引脚和另一端 RJ-45 连接器中编号为 1/2 的一对引脚相连。同样，一端 RJ-45 连接器中编号为 3/6 的一对引脚和另一端 RJ-45 连接器中编号为 3/6 的一对引脚相连。这就要求直通线连接的两端设备用于发送、接收信号的两对引脚编号是不同的，如一端用编号为 1/2 的一对引脚发送信号，编号为 3/6 的一对引脚接收信号；另一端用编号为 1/2 的一对引脚接收信号，编号为 3/6 的一对引脚发送信号。交叉线保证一端 RJ-45 连接器中编号为 1/2 的一对引脚和另一端 RJ-45 连接器中编号为 3/6 的一对引脚相连。同样，一端 RJ-45 连接器中编号为 3/6 的一对引脚和另一端 RJ-45 连接器中编号为 1/2 的一对引脚相连。这就要求交叉线连接的两端设备用于发送、接收信号的两对引脚编号是相同的，如两端都用编号为 1/2 的一对引脚发送信号，编号为 3/6 的一对引脚接收信号。

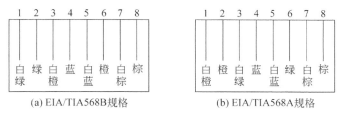

(a) EIA/TIA568B规格   (b) EIA/TIA568A规格

图 2.1 EIA/TIA568B 和 EIA/TIA568A

图 2.2 直通线和交叉线

同一类型的设备,用于发送、接收信号的两对引脚编号是相同的,需要通过交叉线连接。不同类型的设备,用于发送、接收信号的两对引脚编号有可能是不同的,对于用不同编号的两对引脚发送、接收信号的两端设备,需要通过直通线连接。Cisco 网络设备中,相同类型设备之间,如交换机之间、路由器之间、终端之间通过交叉线连接;不同类型设备之间,如交换机与终端之间、交换机与路由器之间通过直通线连接。路由器和终端之间通过交叉线连接。

2.2 VLAN 和 IP 接口配置实验

2.2.1 实验目的

本实验的目的一是验证三层交换机的二层交换功能;二是建立二层交换路径概念;三是掌握基于三层交换机的复杂交换式以太网的设计过程;四是验证接入端口和标记端口之间的区别;五是验证 802.1Q 标准 MAC 帧格式;六是验证属于同一 VLAN 的终端之间的通信过程;七是验证三层交换机 IP 接口创建过程;八是验证三层交换机 VLAN 间 IP 分组转发过程;九是通过分解校园网,更好地理解网络分层的目的。

2.2.2 实验原理

以三层交换机为核心的交换式以太网结构如图 2.3 所示,其中交换机 S1、S2 和 S3 是二层交换机,S7 是三层交换机。按照图 2.3 所示的 VLAN 划分要求完成各个交换机的 VLAN 配置,验证属于同一 VLAN 的两个终端之间的二层交换路径的建立过程。通过在三层交换机 S7 中创建各个 VLAN 对应的 IP 接口,使得三层交换机 S7 成为直接连接各个 VLAN 的路由器,并因此实现 VLAN 间 IP 分组传输功能。

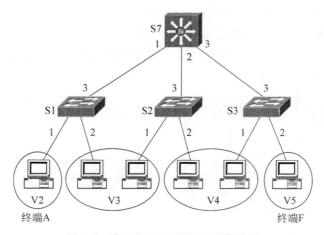

图 2.3 实现 VLAN 配置的网络结构

1. VLAN 划分过程

为了实现属于同一 VLAN 的终端之间能够通信,三层交换机 S7 能够建立对应 VLAN 2(图中用 V2 表示)、VLAN 3、VLAN 4 和 VLAN 5 的 IP 接口的实验目的。交换机 VLAN 配置需要满足如下要求:属于同一 VLAN 的终端之间存在二层交换路径,每一个 VLAN

存在与三层交换机 S7 之间的二层交换路径。因此，VLAN 配置主要完成的功能有两项：一是创建 VLAN 2（图中用 V2 表示）、VLAN 3、VLAN 4 和 VLAN 5；二是通过将交换机端口以接入端口或共享端口的方式分配给各个 VLAN，建立属于同一 VLAN 的终端之间的二层交换路径和每一个 VLAN 与三层交换机 S7 之间的二层交换路径。

确定交换机端口与 VLAN 之间关系的过程如下：如果只有单条属于某个 VLAN 的二层交换路径经过某个交换机端口，该交换机端口作为接入端口（Access）分配给该交换路径所属的 VLAN。如果多条属于不同 VLAN 的二层交换路径经过某个交换机端口，该交换机端口作为主干端口（Trunk）被这些交换路径所属的多个 VLAN 共享。接入端口也称非标记端口，主干端口也称标记端口。所有进出 Cisco 交换机主干端口的 MAC 帧需要携带 VLAN ID，携带 VLAN ID 的 MAC 帧封装格式一般采用 802.1Q 规定的封装格式。

图 2.3 中，属于 VLAN 2 的至三层交换机 S7 的二层交换路径为 S1.1→S1.3→S7.1，属于 VLAN 3 的两个终端之间的二层交换路径为 S1.2→S1.3→S7.1→S7.2→S2.3→S2.1。属于 VLAN 3 的至三层交换机 S7 的二层交换路径与属于 VLAN 3 的两个终端之间的二层交换路径重叠。因此可以得出，交换机 S1 的端口 1(S1.1)只被属于 VLAN 2 的单条二层交换路径经过，因此作为接入端口分配给 VLAN 2。交换机 S1 的端口 3(S1.3)被属于 VLAN 2 和 VLAN 3 的多条二层交换路径经过，因此作为主干端口被 VLAN 2 和 VLAN 3 共享。依此类推，得出表 2.1 所示的交换机端口与各个 VLAN 之间的分配关系。

表 2.1　交换机端口与各个 VLAN 之间的分配关系

VLAN	非标记端口（接入端口）	标记端口（主干端口）
VLAN 2	S1.1	S1.3、S7.1
VLAN 3	S1.2、S2.1	S1.3、S2.3、S7.1、S7.2
VLAN 4	S2.2、S3.1	S2.3、S3.3、S7.2、S7.3
VLAN 5	S3.2	S3.3、S7.3

2. 三层交换机 IP 接口定义过程

完成交换式以太网 VLAN 划分后，只能实现属于相同 VLAN 的终端之间通信过程。在实现属于相同 VLAN 的终端之间通信过程中，三层交换机 S7 的作用完全等同于二层交换机，用于建立属于相同 VLAN 的终端之间的二层交换路径，如属于 VLAN 3 的两个终端之间的二层交换路径。

三层交换机实现 VLAN 间 IP 分组转发操作的前提是对应每一个 VLAN 创建 IP 接口，创建某个 VLAN 对应的 IP 接口的前提是三层交换机中已经创建该 VLAN 且存在分配给该 VLAN 的端口，端口或者作为接入端口分配给该 VLAN，或者作为主干端口被该 VLAN 共享。因此，三层交换机 S7 为了实现 VLAN 2、VLAN 3、VLAN 4 和 VLAN 5 之间的 IP 分组转发操作，一是必须创建 VLAN 2、VLAN 3、VLAN 4 和 VLAN 5；二是对应每一个 VLAN，必须存在分配给该 VLAN 的端口。这也是需要创建多条至三层交换机 S7，且分别属于 VLAN 2、VLAN 3、VLAN 4 和 VLAN 5 的二层交换路径的原因。三层交换机完成上述操作后，可以分别对应 VLAN 2、VLAN 3、VLAN 4 和 VLAN 5 定义 IP 接口，为每一个 IP 接口分配 IP 地址和子网掩码，该 IP 地址就是连接在该 IP 接口对应的 VLAN 上终端的默认网关地址。在创建 VLAN 2、VLAN 3、VLAN 4 和 VLAN 5 对应的 IP 接口,且为 IP 接口分配表 2.2 所示的 IP 地址和子网掩码后,三层交换机 S7 成为互连 VLAN 2、VLAN 3、VLAN 4 和 VLAN 5 的路由器,如图 2.4 所示,各个 IP 接口等同于路由器连接对应 VLAN 的物理接口。完成三层交换机所有 IP 接口 IP 地址和子网掩码分配后,一是确定了该 IP 接口对应的 VLAN 的网络地址,如根据 IP 地址和子网掩码 192.1.2.254/24 得出 VLAN 2 的网络地址为 192.1.2.0/24。二是在三层交换机 S7 中自动创建表 2.3 所示的路由表,路由表中的每一项路由项都是直连路由项,用于指明通往 IP 接口连接的 VLAN 的传输路径。

表 2.2　VLAN 接口 IP 地址

VLAN 名称	IP 接口	IP 地址	VLAN 名称	IP 接口	IP 地址
V2	VLAN 2	192.1.2.254/24	V4	VLAN 4	192.1.4.254/24
V3	VLAN 3	192.1.3.254/24	V5	VLAN 5	192.1.5.254/24

表 2.3　三层交换机 S7 路由表

类　　型	目 的 网 络	输 出 接 口	距　离	下一跳 IP 地址
直连路由项	192.1.2.0/24	VLAN 2	0	—
直连路由项	192.1.3.0/24	VLAN 3	0	—
直连路由项	192.1.4.0/24	VLAN 4	0	—
直连路由项	192.1.5.0/24	VLAN 5	0	—

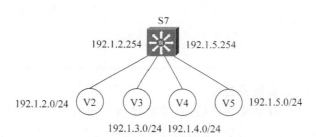

图 2.4　IP 接口与 VLAN 之间关系

根据表 2.2 所示的为每一个 IP 接口分配的 IP 地址,得出 IP 地址 192.1.2.254 为终端 A 的默认网关地址,IP 地址 192.1.3.254 为连接在 VLAN 3 上的两个终端的默认网关地址,依此类推,可以分别得出连接在 VLAN 4 和 VLAN 5 上终端的默认网关地址为 192.1.4.254 和 192.1.5.254。同时得出 VLAN 2、VLAN 3、VLAN 4 和 VLAN 5 的网络地址分别为 192.1.2.0/24、192.1.3.0/24、192.1.4.0/24 和 192.1.5.0/24。

为连接在 VLAN 2、VLAN 3、VLAN 4 和 VLAN 5 上的终端分配 IP 地址、子网掩码和默认网关地址,终端分配的 IP 地址必须属于所连接的 VLAN 的网络地址,默认网关地址必须是所连接的 VLAN 对应的 IP 接口地址,如连接在 VLAN 3 上的两个终端分配的 IP 地址必须属于网络地址 192.1.3.0/24,默认网关地址必须是 192.1.3.254。完成终端 IP 地址、子网掩码和默认网关地址配置后,允许在属于不同 VLAN 的终端之间传输 IP 分组,如图 2.3 中终端 A 与终端 F 之间传输 IP 分组。

2.2.3　关键命令说明

1. 创建 VLAN

```
Switch (config)#vlan 2
Switch (config-vlan)#name v2
Switch (config-vlan)#exit
Switch (config)#
```

命令 vlan 2 是全局模式下使用的命令,其作用是创建编号为 2(VLAN ID＝2)的 VLAN,同时进入该 VLAN 的 VLAN 配置模式。

命令 name v2 是 VLAN 配置模式下使用的命令,其作用是为该 VLAN 分配名字 v2, VLAN 名字只有本地意义。由于 Packet Tracer 统一显示小写字母,为了一致,所有命令参数使用小写字母,因此,命令中的 v2 与图中和表格中的 V2 是相同的,Packet Tracer 显示的 vlan 2 与表格中的 VLAN 2 是相同的。

命令 exit 用于返回到上一层模式,如从 VLAN 配置模式返回到全局模式。

2. 将交换机端口分配给 VLAN

1) 分配接入端口

```
Switch(config)#interface FastEthernet0/1
Switch(config-if)#switchport mode access
Switch(config-if)#switchport access vlan 2
Switch(config-if)#exit
```

命令 interface FastEthernet0/1 是全局模式下使用的命令,该命令的作用是进入交换机端口 FastEthernet0/1 的接口配置模式,交换机 24 个端口的编号分别是 FastEthernet0/1～FastEthernet0/24。

命令 switchport mode access 是接口配置模式下使用的命令,该命令的作用是将特定交换机端口(这里是 FastEthernet0/1)指定为接入端口(access 端口),接入端口是非标记端口,从该端口输入输出的 MAC 帧不携带 VLAN ID。

命令 switchport access vlan 2 是接口配置模式下使用的命令,该命令的作用是将指定交换机端口(这里是 FastEthernet0/1)作为接入端口分配给编号为 2(VLAN ID＝2)的 VLAN。

通过 exit 命令退出接口配置模式,回到全局模式。

2) 分配共享端口

```
Switch(config)#interface FastEthernet0/3
Switch(config-if)#switchport mode trunk
Switch(config-if)#switchport trunk allowed vlan 2,3
Switch(config-if)#exit
```

同样,通过在全局模式输入命令 interface FastEthernet0/3 进入特定交换机端口的接口配置模式。命令 switchport mode trunk 是接口配置模式下使用的命令,该命令的作用是将特定交换机端口(这里是 FastEthernet0/3)指定为主干端口(trunk 端口)。主干端口就是共享端口,也是标记端口,除了属于本地 VLAN 的 MAC 帧外,其他从该端口输入输出的 MAC 帧携带该 MAC 帧所属 VLAN 的 VLAN ID。

命令 switchport trunk allowed vlan 2,3 是接口配置模式下使用的命令,该命令的作用是指定共享特定交换机端口(这里是 FastEthernet0/3)的 VLAN 集合,"2,3"表示 VLAN 集合由编号 2 和编号 3 的两个 VLAN 组成。该命令表明端口 FastEthernet0/3 被编号 2 和编号 3 的两个 VLAN 共享。

3)指定三层交换机主干端口封装格式

```
Switch(config)#interface FastEthernet0/3
Switch(config-if)#switchport trunk encapsulation dot1q
Switch(config-if)#switchport mode trunk
```

命令 switchport trunk encapsulation dot1q 是接口配置模式下使用的命令,该命令的作用是指定 802.1Q 封装格式作为经过主干端口输入输出的 MAC 帧的封装格式。对于三层交换机的主干端口(trunk 端口),该命令不能省略,且先通过该命令指定封装格式,后通过命令 switchport mode trunk 指定该三层交换机端口为主干端口。

3. 定义三层交换机 IP 接口

```
Switch(config)#interface vlan 2
Switch(config-if)#ip address 192.1.2.254 255.255.255.0
Switch(config-if)#exit
```

命令 interface vlan 2 是全局模式下使用的命令,该命令的作用是定义 VLAN 2 对应的 IP 接口,并进入该 IP 接口的接口配置模式。如果将三层交换机的路由模块看作是路由器,则 IP 接口等同于路由器的逻辑接口。路由模块通过不同的 IP 接口连接不同的 VLAN,连接在某个 VLAN 上的终端必须建立与该 VLAN 对应的 IP 接口之间的交换路径,该终端发送给连接在其他 VLAN 上终端的 IP 分组,封装成 MAC 帧后,通过 VLAN 内该终端与 IP 接口之间的交换路径发送给 IP 接口。创建某个 VLAN 对应的 IP 接口的前提是三层交换机中已经创建该 VLAN 且存在分配给该 VLAN 的端口,端口或者作为接入端口分配给该 VLAN,或者作为主干端口被该 VLAN 共享。

命令 ip address 192.1.2.254 255.255.255.0 是接口配置模式下使用的命令,用于为该 IP 接口分配 IP 地址 192.1.2.254 和子网掩码 255.255.255.0。完成 IP 接口 IP 地址和子网掩码配置后,三层交换机路由表中自动生成一项直连路由项。

4. 启动三层交换机的路由功能

```
Switch(config)#ip routing
```

命令 ip routing 是全局模式下使用的命令,该命令的作用是启动三层交换机的 IP 分组路由功能。默认状态下三层交换机只有 MAC 帧转发功能,如果需要三层交换机具有 IP 分组转发功能,用该命令启动三层交换机的 IP 分组路由功能。由于路由器默认状态下已经具有 IP 分组路由功能,因此无须使用该命令。

2.2.4 实验步骤

(1) 启动 Packet Tracer,在逻辑工作区根据图 2.3 所示的网络结构放置和连接设备,将 PC0 和 PC1 用直通线(Copper Straight-Through)连接到交换机 Switch1 的 FastEthernet0/1 和 FastEthernet0/2 端口。将 PC2 和 PC3 用直通线连接到交换机 Switch2 的 FastEthernet0/1 和 FastEthernet0/2 端口。将 PC4 和 PC5 用直通线连接到交换机 Switch3 的 FastEthernet0/1 和 FastEthernet0/2 端口。用交叉线(Copper Cross-Over)互连交换机 Switch1 的 FastEthernet0/3 端口与交换机 Switch7 的 FastEthernet0/1 端口、交换机 Switch2 的 FastEthernet0/3 端口与交换机 Switch7 的 FastEthernet0/2 端口和交换机 Switch3 的 FastEthernet0/3 端口与交

图 2.5 在 PC0 接口列表中单选 FastEthernet 接口

换机 Switch7 的 FastEthernet0/3 端口。用直通线连接 PC0 和交换机 Switch1 的 FastEthernet0/1 端口的步骤: 在设备类型选择框中单击连接线(Connections),在设备选择框中单击直通线(Copper Straight-Through),出现水晶头形状的光标。将光标移到 PC0 单击,出现图 2.5 所示的 PC0 接口列表,单选 FastEthernet 接口。将光标移到交换机 Switch1 单击,出现图 2.6 所示的交换机 Switch1 未连接的端口列表,单选 FastEthernet0/1 端口,完成用直通线连接 PC0 和交换机 Switch0 的 FastEthernet0/1 端口的过程。

逻辑工作区完成设备放置和连接后,得到图 2.7 所示的逻辑工作区界面。

(2) Packet Tracer 允许通过图形接口配置界面完成 VLAN 创建过程。由于通过图形接口配置界面完成设备配置过程中不需要使用 Cisco IOS 命令,因此图形接口配置方式是初学者首选的设备配置方式,但图形接口配置方式支持的功能有限,大量复杂配置过程需要通过命令行接口配置方式完成。通过图形接口配置界面完成 VLAN 创建过程的步骤如下: 单击交换机 Switch1,弹出交换机配置界面,单击 VLAN Database,弹出创建 VLAN 界面,如图 2.8 所示,输入新创建的 VLAN 的编号和 VLAN 名,单击 Add 按钮,完成一个 VLAN 的创建过程。重复上述操作,完成 VLAN 2 和 VLAN 3 的创建过程。值得强调的是,除了极个别配置操作外,图形接口配置方式可以实现的配置操作,命令行接口配置方式同样可以实现,2.2.5 节命令行配置过程将给出需要通过命令行接口输入的完整命令序列。

图 2.6 在 Switch1 端口列表中单选 FastEthernet0/1 端口

(3) 单击连接 PC0 的交换机 Switch1 端口 FastEthernet0/1,弹出端口配置界面,如

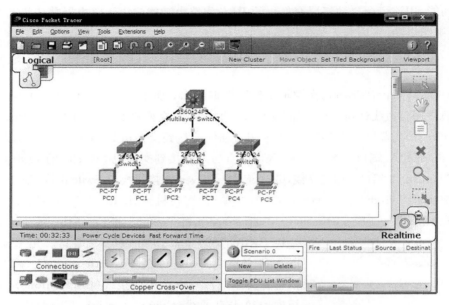

图 2.7 完成设备放置和连接后的逻辑工作区界面

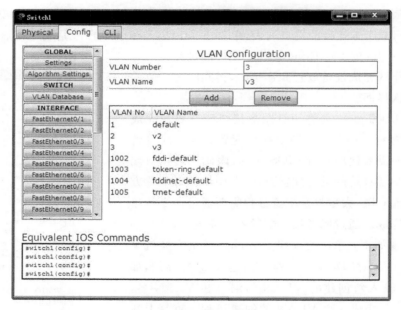

图 2.8 创建 VLAN 界面

图 2.9 所示,端口类型选择 Access,端口所属 VLAN 选择 VLAN 2。依次操作,将交换机端口 FastEthernet0/2 分配给 VLAN 3。Cisco 交换机配置中,Access 本义是接入端口,由于接入端口直接连接终端,只能是非标记端口,因此 Access 等同于非标记端口。对于 Cisco 设备,非标记端口只能分配给单个 VLAN。

(4)将交换机 Switch1 的 FastEthernet0/3 端口配置为被 VLAN 2 和 VLAN 3 共享的共享端口的界面如图 2.10 所示。单击端口 FastEthernet0/3,弹出端口配置界面,端口类型

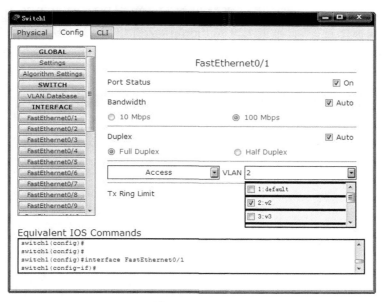

图 2.9　配置接入端口界面

选择 trunk。一旦端口类型选择 trunk，VLAN 列表中允许选中多项。如图 2.10 所示，在 VLAN 列表中同时选中 VLAN 2 和 VLAN 3，表明该主干端口被 VLAN 2 和 VLAN 3 共享。在所有交换机上完成 VLAN 创建和端口配置过程后，图 2.3 所示的交换式以太网成功划分为多个 VLAN(VLAN 2、VLAN 3、VLAN 4 和 VLAN 5)。划分 VLAN 过程中，三层交换机 Switch7 的作用等同于二层交换机。为了验证属于同一 VLAN 的终端之间能够通信，属于不同 VLAN 的终端之间不能通信，将 PC0～PC5 的 IP 地址配置为 192.1.1.1～192.1.1.6。

图 2.10　配置主干端口界面

（5）PC0 配置 IP 地址和子网掩码过程如下：单击 PC0，弹出 PC0 配置界面；单击 Desktop，弹出桌面配置界面；单击 IP Configuration，弹出图 2.11 所示的网络信息配置界面。在 IP Address(IP 地址)文本框中输入 192.1.1.1，在 Subnet Mask(子网掩码)文本框中输入 255.255.255.0。

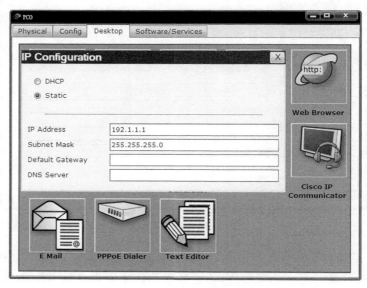

图 2.11　PC0 网络信息配置界面一

（6）单击公共工具栏中的简单报文工具，在逻辑工作区出现信封形状光标，移动光标到 PC1 单击，再移动光标到 PC2 单击，完成 PC1 和 PC2 之间的一次 Ping 操作。由于 PC1 和 PC2 属于同一个 VLAN，Ping 操作成功完成。用同样的方式验证属于不同 VLAN 的终端之间无法成功完成 Ping 操作。

（7）由于没有在三层交换机 Switch7 中创建 IP 接口，因此三层交换机 Switch7 的路由表中不存在直连路由项，三层交换机 Switch7 的路由表是空表。

（8）需要通过命令行接口配置方式在三层交换机 Switch7 中创建 IP 接口，并为 IP 接口分配 IP 地址和子网掩码。一旦为 IP 接口分配 IP 地址和子网掩码，三层交换机 Switch7 的路由表中自动生成图 2.12 所示的直连路由项，类型 C 表示是直连路由项，网络地址(Network)字段给出目的网络的网络地址，这里是 IP 接口对应的 VLAN 的网络地址，由 IP 接口的 IP 地址和子网掩码确定。如果 VLAN 2 对应的 IP 接口分配 IP 地址和子网掩码 192.1.2.254/24，VLAN 2 的网络地址为 192.1.2.0/24。端口(Port)字段用于指定输出端口，这里是 IP 接口对应的 VLAN。由于是直连路由项，不存在下一跳 IP 地址(Next Hop IP)。Cisco 假定直连路由项的距离(Metric)值为 0。

Type	Network	Port	Next Hop IP	Metric
C	192.1.2.0/24	Vlan2	---	0/0
C	192.1.3.0/24	Vlan3	---	0/0
C	192.1.4.0/24	Vlan4	---	0/0
C	192.1.5.0/24	Vlan5	---	0/0

图 2.12　三层交换机 Switch7 自动创建的直连路由项

（9）连接在某个 VLAN 上的终端的 IP 地址必须属于该 VLAN 的网络地址，该 VLAN 对应的 IP 接口的 IP 地址成为该终端的默认网关地址。在为 VLAN 2 对应的 IP 接口分配 IP 地址和子网掩码 192.1.2.254/24 后，为 PC0 分配的 IP 地址必须属于网络地址 192.1.2. 0/24，默认网关地址必须是 192.1.2.254，如图 2.13 所示。同样，在为 VLAN 3 对应的 IP 接口分配 IP 地址和子网掩码 192.1.3.254/24 后，为 PC1 分配的 IP 地址必须属于网络地址 192.1.3.0/24，默认网关地址必须是 192.1.3.254，如图 2.14 所示。

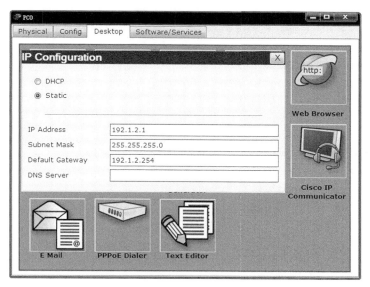

图 2.13　PC0 网络信息配置界面二

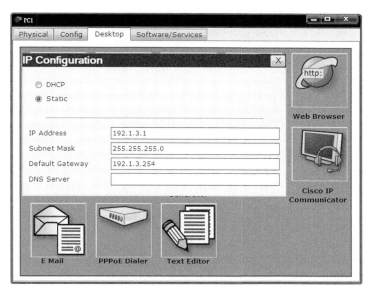

图 2.14　PC1 网络信息配置界面

（10）完成上述配置后，不仅可以实现属于同一 VLAN 的终端之间通信过程，也可实现属于不同 VLAN 的终端之间通信过程。可以通过启用公共工具栏中的简单报文工具验证这一点。

2.2.5 命令行配置过程

1. 交换机 Switch1 命令行配置过程

```
Switch>enable
Switch#configure terminal
Switch(config)#hostname Switch1
Switch1(config)#vlan 2
Switch1(config-vlan)#name v2
Switch1(config-vlan)#exit
Switch1(config)#vlan 3
Switch1(config-vlan)#name v3
Switch1(config-vlan)#exit
Switch1(config)#interface FastEthernet0/1
Switch1(config-if)#switchport mode access
Switch1(config-if)#switchport access vlan 2
Switch1(config-if)#exit
Switch1(config)#interface FastEthernet0/2
Switch1(config-if)#switchport mode access
Switch1(config-if)#switchport access vlan 3
Switch1(config-if)#exit
Switch1(config)#interface FastEthernet0/3
Switch1(config-if)#switchport mode trunk
switch1(config-if)#switchport trunk allowed vlan 2,3
Switch1(config-if)#exit
```

2. 交换机 Switch2 命令行配置过程

```
Switch>enable
Switch#configure terminal
Switch(config)#hostname Switch2
Switch2(config)#vlan 3
Switch2(config-vlan)#name v3
Switch2(config-vlan)#exit
Switch2(config)#vlan 4
Switch2(config-vlan)#name v4
Switch2(config-vlan)#exit
Switch2(config)#interface FastEthernet0/1
Switch2(config-if)#switchport mode access
Switch2(config-if)#switchport access vlan 3
Switch2(config-if)#exit
Switch2(config)#interface FastEthernet0/2
Switch2(config-if)#switchport mode access
Switch2(config-if)#switchport access vlan 4
```

```
Switch2(config-if)#exit
Switch2(config)#interface FastEthernet0/3
Switch2(config-if)#switchport mode trunk
Switch2(config-if)#switchport trunk allowed vlan 3,4
Switch2(config-if)#exit
```

3. 交换机 Switch3 命令行配置过程

```
Switch>enable
Switch#configure terminal
Switch(config)#hostname Switch3
Switch3(config)#vlan 4
Switch3(config-vlan)#name v4
Switch3(config-vlan)#exit
Switch3(config)#vlan 5
Switch3(config-vlan)#name v5
Switch3(config-vlan)#exit
Switch3(config)#interface FastEthernet0/1
Switch3(config-if)#switchport mode access
Switch3(config-if)#switchport access vlan 4
Switch3(config-if)#exit
Switch3(config)#interface FastEthernet0/2
Switch3(config-if)#switchport mode access
Switch3(config-if)#switchport access vlan 5
Switch3(config-if)#exit
Switch3(config)#interface FastEthernet0/3
Switch3(config-if)#switchport mode trunk
Switch3(config-if)#switchport trunk allowed vlan 4,5
Switch3(config-if)#exit
```

4. 三层交换机 Switch7 命令行配置过程

```
Switch>enable
Switch#configure terminal
Switch(config)#hostname Switch7
Switch7(config)#vlan 2
Switch7(config-vlan)#name v2
Switch7(config-vlan)#exit
Switch7(config)#vlan 3
Switch7(config-vlan)#name v3
Switch7(config-vlan)#exit
Switch7(config)#vlan 4
Switch7(config-vlan)#name v4
Switch7(config-vlan)#exit
Switch7(config)#vlan 5
Switch7(config-vlan)#name v5
Switch7(config-vlan)#exit
```

```
Switch7(config)#interface FastEthernet0/1
Switch7(config-if)#switchport trunk encapsulation dot1q
Switch7(config-if)#switchport mode trunk
Switch7(config-if)#switchport trunk allowed vlan 2,3
Switch7(config-if)#exit
Switch7(config)#interface FastEthernet0/2
Switch7(config-if)#switchport trunk encapsulation dot1q
Switch7(config-if)#switchport mode trunk
Switch7(config-if)#switchport trunk allowed vlan 3,4
Switch7(config-if)#exit
Switch7(config)#interface FastEthernet0/3
Switch7(config-if)#switchport trunk encapsulation dot1q
Switch7(config-if)#switchport mode trunk
Switch7(config-if)#switchport trunk allowed vlan 4,5
Switch7(config-if)#exit
```

/以下命令用于定义各个 VLAN 对应的 IP 接口,完成 IP 接口配置后,三层交换机 Switch7 自动生成直连路由项/

```
Switch7(config)#interface vlan 2
Switch7(config-if)#ip address 192.1.2.254 255.255.255.0
Switch7(config-if)#exit
Switch7(config)#interface vlan 3
Switch7(config-if)#ip address 192.1.3.254 255.255.255.0
Switch7(config-if)#exit
Switch7(config)#interface vlan 4
Switch7(config-if)#ip address 192.1.4.254 255.255.255.0
Switch7(config-if)#exit
Switch7(config)#interface vlan 5
Switch7(config-if)#ip address 192.1.5.254 255.255.255.0
Switch7(config-if)#exit
Switch7(config)#ip routing
```

5. 命令列表

交换机命令行配置过程中使用的命令及功能说明如表 2.4 所示。

表 2.4 命令列表

命 令 格 式	参数和功能说明
enable	没有参数,从用户模式进入特权模式
configure terminal	没有参数,从特权模式进入全局模式
hostname *name*	为网络设备指定名称,参数 *name* 是作为名称的字符串
exit	没有参数,退出当前模式,回到上一层模式
vlan *vlan-id*	创建编号由参数 *vlan-id* 指定的 VLAN
name *name*	为 VLAN 指定便于用户理解和记忆的名字。参数 *name* 是用户为 VLAN 分配的名字。VLAN 名字只有本地意义

命 令 格 式	参数和功能说明
interface *port*	进入由参数 *port* 指定的交换机端口对应的接口配置模式
switchport mode {access | dynamic | trunk}	将交换机端口模式指定为以下三种模式之一：接入端口（access）、标记端口（trunk）、根据链路另一端端口模式确定端口模式的动态端口（dynamic）
switchport access vlan *vlan-id*	将端口作为接入端口分配给由参数 *vlan-id* 指定的 VLAN
switchport trunk allowed vlan *vlan-list*	标记端口被由参数 *vlan-list* 指定的一组 VLAN 共享
switchport trunk encapsulation dot1q	将经过标记端口输入输出的 MAC 帧封装格式指定为802.1Q 封装格式。三层交换机标记端口不能省略该命令
interface vlan *vlan-id*	定义 IP 接口，并进入接口配置模式，参数 *vlan-id* 用于指定与 IP 接口关联的 VLAN。三层交换机路由模块的 IP 接口等同于路由器的逻辑接口
ip address *ip-address subnet-mask*	为 IP 接口配置 IP 地址和子网掩码。参数 *ip-address* 是用户配置的 IP 地址，参数 *subnet-mask* 是用户配置的子网掩码
ip routing	启动 IP 分组路由功能

2.3　三层交换机动态路由配置实验

2.3.1　实验目的

本实验的目的一是进一步理解三层交换机的二层交换和三层路由功能，二是区分三层交换机与路由器之间的差别，三是了解跨交换机 VLAN 与 IP 接口组合带来的便利，四是验证 IP 分组逐跳转发过程，五是掌握三层交换机 OSPF 配置过程，六是掌握链路聚合配置过程，七是了解链路聚合控制协议的协商过程，八是掌握校园网核心层和汇聚层的功能实现过程。

2.3.2　实验原理

校园网拓扑结构如图 2.15(a)所示，二层交换机 S1～S6 作为接入层设备，三层交换机 S7 和 S8 作为汇聚层设备，三层交换机 S9 作为核心层设备。S7 需要实现 VLAN 2、VLAN 3、VLAN 4 和 VLAN 5 之间 IP 分组传输功能。S8 需要实现 VLAN 6、VLAN 7、VLAN 8、VLAN 9、VLAN 10 和 VLAN 11 之间 IP 分组传输功能。S9 用于实现这两组 VLAN 间的 IP 分组传输功能。为了实现校园网各个 VLAN 之间的连通性，三层交换机 S7 与 S9 通过 VLAN 12 实现互连，三层交换机 S8 与 S9 通过 VLAN 13 实现互连。用于表示实现 VLAN 互连的校园网逻辑结构如图 2.15(b)所示。

为了增加交换机间传输速率，交换机 S7 与交换机 S9 之间通过链路聚合技术将两条 100Mb/s 物理链路聚合为单条 200Mb/s 聚合链路。同样，交换机 S6 与交换机 S8 之间将两

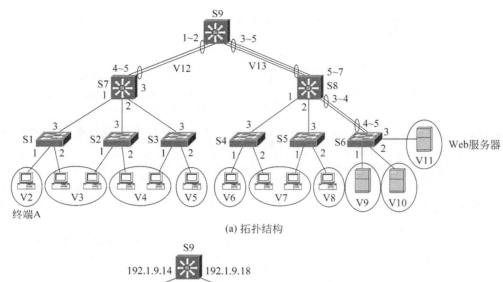

(a) 拓扑结构

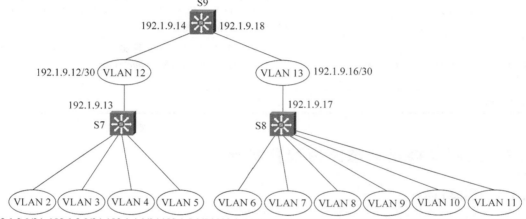

(b) 逻辑结构

图 2.15　校园网结构

条 100Mb/s 物理链路聚合为单条 200Mb/s 聚合链路,交换机 S8 与交换机 S9 之间将三条 100Mb/s 物理链路聚合为单条 300Mb/s 聚合链路。

2.2 节 VLAN 和 IP 接口配置实验已经详细讨论了三层交换机 S7 直接连接 VLAN 2、VLAN 3、VLAN 4 和 VLAN 5,并实现这些 VLAN 间 IP 分组传输功能的过程,本实验在此基础上讨论校园网 VLAN 之间连通性的实现过程。

1. 链路聚合

校园网结构如图 2.15(a)所示,交换机 S7 与 S9、S6 与 S8 之间通过由两条物理链路聚合成的逻辑链路互连,交换机 S8 与 S9 之间通过由三条物理链路聚合成的逻辑链路互连,这种由多物理链路聚合成的逻辑链路称为聚合链路。在 Packet Tracer 中,聚合链路称为端口通道,不同的聚合链路用不同的端口通道号标识。对于交换机而言,端口通道等同于单个端口,对所有通过端口通道接收到的 MAC 帧,转发表中创建用于指明该 MAC 帧源 MAC 地址与该端口通道之间关联的转发项。首先需要通过手工配置建立交换机端口与端口通道之间的关联,交换机 S6、S8、S7 和 S9 中创建的端口通道及分配给各个端口通道的交换机端口如表 2.5 所示。然后,通过 LACP 激活分配给某个端口通道的交换机端口,通过配置 MAC 帧分发策略确定将 MAC 帧分发到聚合链路中某条物理链路的方法。

表 2.5　端口通道配置表

交 换 机	端 口 通 道	物 理 端 口
交换机 S6	port-channel 1	FastEthernet0/4
		FastEthernet0/5
交换机 S7	port-channel 1	FastEthernet0/4
		FastEthernet0/5
交换机 S8	port-channel 1	FastEthernet0/3
		FastEthernet0/4
	port-channel 2	FastEthernet0/5
		FastEthernet0/6
		FastEthernet0/7
交换机 S9	port-channel 1	FastEthernet0/1
		FastEthernet0/2
	port-channel 2	FastEthernet0/3
		FastEthernet0/4
		FastEthernet0/5

2. 直连路由项建立过程

三层交换机互连 VLAN 的逻辑结构如图 2.15(b)所示。三层交换机需要为其连接的每一个 VLAN 定义对应的 IP 接口,并为 IP 接口分配 IP 地址。由于连接单台服务器的 VLAN 和实现两个三层交换机互连的 VLAN 只需两个有效 IP 地址,因此为这种 VLAN 分配子网掩码 255.255.255.252,以省有效 IP 地址。CIDR 地址块 192.1.9.0/27 涵盖所有这些 VLAN 的网络地址。表 2.6 给出了所有 IP 接口分配的 IP 地址和子网掩码。

表 2.6　IP 接口分配的 IP 地址和子网掩码

设备名称	IP 接口	IP 地址和子网掩码
交换机 S7	VLAN 2	192.1.2.254/24
	VLAN 3	192.1.3.254/24
	VLAN 4	192.1.4.254/24
	VLAN 5	192.1.5.254/24
	VLAN 12	192.1.9.13/30
交换机 S8	VLAN 6	192.1.6.254/24
	VLAN 7	192.1.7.254/24
	VLAN 8	192.1.8.254/24

设备名称	IP 接口	IP 地址和子网掩码
交换机 S8	VLAN 9	192.1.9.2/30
	VLAN 10	192.1.9.6/30
	VLAN 11	192.1.9.10/30
	VLAN 13	192.1.9.17/30
交换机 S9	VLAN 12	192.1.9.14/30
	VLAN 13	192.1.9.18/30

三层交换机创建 IP 接口并为 IP 接口分配 IP 地址和子网掩码后,每一个三层交换机自动创建直连路由项,三层交换机 S7、S8 和 S9 的直连路由项如表 2.7~表 2.9 所示。一旦在三层交换机中创建直连路由项,三层交换机能够实现直接连接的 VLAN 之间的 IP 分组传输过程,如三层交换机 S7 能够实现连接在 VLAN 2 和 VLAN 5 上的终端之间的 IP 分组传输过程。

表 2.7　三层交换机 S7 直连路由项

目 的 网 络	输出接口	下 一 跳	目 的 网 络	输出接口	下 一 跳
192.1.2.0/24	VLAN 2	直接	192.1.5.0/24	VLAN 5	直接
192.1.3.0/24	VLAN 3	直接	192.1.9.12/30	VLAN 12	直接
192.1.4.0/24	VLAN 4	直接			

表 2.8　三层交换机 S8 直连路由项

目 的 网 络	输出接口	下 一 跳	目 的 网 络	输出接口	下 一 跳
192.1.6.0/24	VLAN 6	直接	192.1.9.4/30	VLAN 10	直接
192.1.7.0/24	VLAN 7	直接	192.1.9.8/30	VLAN 11	直接
192.1.8.0/24	VLAN 8	直接	192.1.9.16/30	VLAN 13	直接
192.1.9.0/30	VLAN 9	直接			

表 2.9　三层交换机 S9 直连路由项

目 的 网 络	输出接口	下 一 跳	目 的 网 络	输出接口	下 一 跳
192.1.9.12/30	VLAN 12	直接	192.1.9.16/30	VLAN 13	直接

3. 动态路由项建立过程

三层交换机自动创建的直连路由项只能用于指明通往与其直接连接的 VLAN 的传输路径,因此,通过直连路由项只能实现三层交换机直接连接的 VLAN 间的 IP 分组传输过程。如果需要实现两个不是连接在相同三层交换机上的 VLAN 间的 IP 分组传输过程,需要通过路由协议创建用于指明通往没有与其直接连接的 VLAN 的传输路径的动态路由项。

2.3.3　关键命令说明

1. 创建端口通道并分配端口

如果需要将交换机端口 FastEthernet0/3～FastEthernet0/5 分配给编号为 1 的端口通道,输入以下命令:

```
Switch(config)#interface range FastEthernet0/3-FastEthernet0/5
Switch(config-if-range)#channel-group 1 mode active
Switch(config-if-range)#channel-protocol lacp
Switch(config-if-range)#exit
Switch(config)#port-channel load-balance src-dst-mac
```

命令 interface range FastEthernet0/3-FastEthernet0/5 是全局模式下使用的命令,该命令的作用是进入对一组交换机端口配置特性的接口配置模式,在该接口配置模式下完成的配置对一组交换机端口同时有效。FastEthernet0/3-FastEthernet0/5 用于指定一组交换机端口 FastEthernet0/3、FastEthernet0/4 和 FastEthernet0/5。

命令 channel-group 1 mode active 是接口配置模式下使用的命令,该命令的作用有三个:一是创建编号为 1 的端口通道;二是将一组交换机端口 FastEthernet0/3～FastEthernet0/5 分配给该端口通道;三是指定 active 为分配给该端口通道的交换机端口的激活模式。交换机端口激活模式与使用的链路聚合控制协议有关,表 2.10 给出了激活模式与链路聚合控制协议之间的关系。

表 2.10　激活模式与链路聚合控制协议之间的关系

模　式	链路聚合控制协议
active	通过 LACP 协商过程激活端口,物理链路另一端的模式或是 active,或是 passive
passive	通过 LACP 协商过程激活端口,物理链路另一端的模式必须是 active
auto	通过 PAgP 协商过程激活端口,物理链路另一端的模式必须是 desirable。PAgP 是 Cisco 专用的链路聚合控制协议
desirable	通过 PAgP 协商过程激活端口,物理链路另一端的模式或是 desirable,或是 auto
on	手工激活,物理链路两端模式必须都是 on。不使用链路聚合控制协议,因此无法自动监测物理链路另一端端口的状态

命令 channel-protocol lacp 是接口配置模式下使用的命令,该命令的作用是指定 LACP 为这一组端口使用的链路聚合控制协议。

命令 port-channel load-balance src-dst-mac 是全局模式下使用的命令,该命令的作用是指定根据 MAC 帧的源和目的 MAC 地址确定用于传输该 MAC 帧的物理链路的分发策略。

Packet Tracer 支持的其他分发策略如下。

- dst-ip:根据 MAC 帧封装的 IP 分组的目的 IP 地址确定用于传输该 MAC 帧的物理链路。
- dst-mac:根据 MAC 帧的目的 MAC 地址确定用于传输该 MAC 帧的物理链路。
- src-dst-ip:根据 MAC 帧封装的 IP 分组的源和目的 IP 地址确定用于传输该 MAC

帧的物理链路。

- src-ip：根据 MAC 帧封装的 IP 分组的源 IP 地址确定用于传输该 MAC 帧的物理链路。
- src-mac：根据 MAC 帧的源 MAC 地址确定用于传输该 MAC 帧的物理链路。

2. 将端口通道分配给 VLAN

1）作为接入端口

```
Switch (config)#interface port-channel 2
Switch (config-if)#switchport mode access
Switch(config-if)#switchport access vlan 13
Switch(config-if)#exit
```

命令 interface port-channel 2 是全局模式下使用的命令，其作用是进入编号为 2 的端口通道的接口配置模式。端口通道的作用完全等同于单个交换机端口，因此大多数作用于交换机端口的配置命令均适用于端口通道，端口通道接口模式下的配置过程几乎等同于交换机端口接口配置模式下的配置过程。上述命令序列将编号为 2 的端口通道作为接入端口分配给 VLAN 13。

2）作为共享端口

```
Switch(config)#interface port-channel 1
Switch(config-if)#switchport trunk encapsulation dot1q
Switch(config-if)#switchport mode trunk
Switch(config-if)#switchport trunk allowed vlan 9-11
Switch(config-if)#exit
```

上述命令序列将编号为 1 的端口通道指定为被 VLAN 9、VLAN 10 和 VLAN 11 共享的共享端口，且指定进出该端口通道的 MAC 帧封装格式为 802.1Q 格式。"9-11"用于指定 VLAN 9～VLAN 11。

3. 配置 OSPF

```
Switch (config)#router ospf 07
Switch (config-router)#network 192.1.2.0 0.0.0.255 area 1
Switch (config-router)#network 192.1.9.0 0.0.0.31 area 1
```

命令 router ospf 07 是三层交换机全局模式下使用的命令，该命令的作用是进入 OSPF 配置模式。Cisco 允许同一个路由器运行多个 OSPF 进程，不同的 OSPF 进程用不同的进程标识符标识。07 是 OSPF 进程标识符，进程标识符只有本地意义。执行该命令后，进入 OSPF 配置模式。

命令 network 192.1.2.0 0.0.0.255 area 1 是 OSPF 配置模式下使用的命令，该命令的作用：一是指定参与 OSPF 创建动态路由项过程的路由器接口，所有接口 IP 地址属于 CIDR 地址块 192.1.2.0/24 的路由器接口均参与 OSPF 创建动态路由项的过程。确定参与 OSPF 创建动态路由项过程的路由器接口将接收和发送 OSPF 报文。二是指定参与 OSPF 创建动态路由项过程的网络，直接连接的网络中所有网络地址属于 CIDR 地址块 192.1.2.0/24 的网络均参与 OSPF 创建动态路由项的过程。其他路由器创建的动态路由项中包含用于指明通往确定参与 OSPF 创建动态路由项过程的网络的传输路径的动态路由项。192.1.2.0 0.0.0.255 用于指定 CIDR 地址块 192.1.2.0/24,0.0.0.255 是子网掩码 255.255.255.0 的反码,其作用等同于子网掩码 255.255.255.0。

命令 network 192.1.9.0 0.0.0.31 是 OSPF 配置模式下使用的命令,该命令将参与 OSPF 创建动态路由项过程的接口和网络限定为所有接口地址属于 CIDR 地址块 192.1.9.0/27 的 IP 接口和网络地址属于 CIDR 地址块 192.1.9.0/27 的 VLAN。其实 CIDR 地址块 192.1.9.0/27 涵盖了所有连接单台服务器的 VLAN 和实现两个三层交换机互连的 VLAN 的网络地址。因此,如果某个三层交换机直接连接的 VLAN 中部分包含这些 VLAN,该命令将这部分 VLAN 和这部分 VLAN 对应的 IP 接口确定为参与 OSPF 创建动态路由项过程的接口和网络。

无论是指定参与 OSPF 创建动态路由项过程的路由器接口,还是指定参与 OSPF 创建动态路由项过程的网络都是针对某个 OSPF 区域的。用区域标识符唯一指定该区域,所有路由器中指定属于相同区域的路由器接口和网络必须使用相同的区域标识符。area 1 表示区域标识符为 1,只有主干区域才能使用区域标识符 0。

2.3.4 实验步骤

(1) 启动 Packet Tracer,在逻辑工作区按照图 2.15(a)所示的校园网结构放置和连接设备,完成设备放置和连接后的逻辑工作区界面如图 2.16 所示。

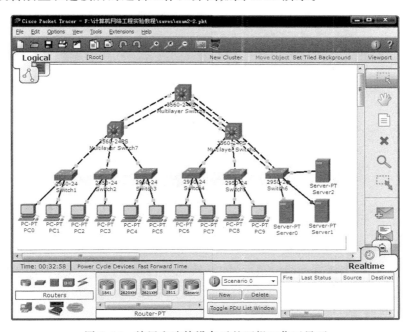

图 2.16 放置和连接设备后的逻辑工作区界面

(2) 在三层交换机 Switch7、Switch8 和 Switch9 中创建端口通道,为端口通道分配交换机端口。值得指出的是,聚合链路两端的端口必须属于相同的端口通道,如三层交换机 Switch8 属于同一端口通道的交换机端口 FastEthernet0/4 和 FastEthernet0/5 所连接的链路的另一端必须是三层交换机 Switch9 属于同一端口通道的两个交换机端口,这里是 FastEthernet0/1 和 FastEthernet0/2。聚合链路两端端口通道配置的属性必须匹配,如选择相同的链路聚合控制协议,保证其中一个端口通道能够主动发起聚合链路协商过程。这一步骤必须通过命令行接口完成。

(3) 根据图 2.15(a)所示的划分 VLAN 要求,完成各个交换机 VLAN 配置。创建 VLAN,为 VLAN 分配交换机端口。这一过程既可通过图形接口配置方式,也可通过命令行接口配置方式完成,但如果需要将端口通道分配给某个 VLAN,需要通过命令行接口配置方式完成。

(4) 在三层交换机 Switch7、Switch8 和 Switch9 中为对应的 VLAN 创建 IP 接口,并为 IP 接口分配 IP 地址和子网掩码。完成 IP 接口 IP 地址和子网掩码分配后,三层交换机 Switch7、Switch8 和 Switch9 自动生成图 2.17～图 2.19 所示的直连路由项。这一过程需要通过命令行接口配置方式完成。

Type	Network	Port	Next Hop IP	Metric
C	192.1.2.0/24	Vlan2	---	0/0
C	192.1.3.0/24	Vlan3	---	0/0
C	192.1.4.0/24	Vlan4	---	0/0
C	192.1.5.0/24	Vlan5	---	0/0
C	192.1.9.12/30	Vlan12	---	0/0

图 2.17　Switch7 直连路由项

Type	Network	Port	Next Hop IP	Metric
C	192.1.6.0/24	Vlan6	---	0/0
C	192.1.7.0/24	Vlan7	---	0/0
C	192.1.8.0/24	Vlan8	---	0/0
C	192.1.9.0/30	Vlan9	---	0/0
C	192.1.9.16/30	Vlan13	---	0/0
C	192.1.9.4/30	Vlan10	---	0/0
C	192.1.9.8/30	Vlan11	---	0/0

图 2.18　Switch8 直连路由项

Type	Network	Port	Next Hop IP	Metric
C	192.1.9.12/30	Vlan12	---	0/0
C	192.1.9.16/30	Vlan13	---	0/0

图 2.19　Switch9 直连路由项

(5) 三层交换机生成直连路由项后,能够实现直接相连的 VLAN 间的 IP 分组传输过程。如图 2.16 中 PC6 与 Server2 之间的 IP 分组传输过程,PC6 连接在 VLAN 6 上,由于 VLAN 6 对应的 IP 接口的 IP 地址和子网掩码为 192.1.6.254/24,确定 VLAN 6 的网络地址为 192.1.6.0/24,PC6 的默认网关地址为 192.1.6.254。PC6 网络信息配置界面如图 2.20 所示,配置的 IP 地址为 192.1.6.1。Server2 连接在 VLAN 11 上,由于 VLAN 11 对应的 IP 接口的 IP 地址和子网掩码为 192.1.9.10/30,确定 VLAN 11 的网络地址为 192.1.9.8/30,Server2 的默认网关地址为 192.1.9.10,Server2 配置的 IP 地址只能是 192.1.9.9。Server2 网络信息配置界面如图 2.21 所示。

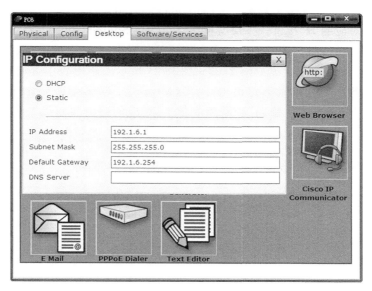

图 2.20　PC6 网络信息配置界面

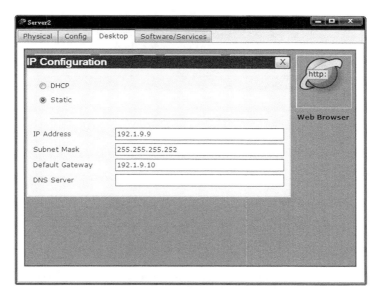

图 2.21　Server2 网络信息配置界面

（6）为了使每一个三层交换机生成用于指明通往没有与其直接连接的 VLAN 的传输路径的动态路由项，必须在每一个三层交换机中启动 OSPF 路由进程，指定直接连接的 VLAN 中参与 OSPF 创建动态路由项过程的 VLAN 及 IP 接口。对于三层交换机 Switch7，通过网络地址 192.1.2.0/24、192.1.3.0/24、192.1.4.0/24 和 192.1.5.0/24 指定参与 OSPF 创建动态路由项过程的 VLAN 及对应的 IP 接口是 VLAN 2、VLAN 3、VLAN 4 和 VLAN 5 及对应的 IP 接口，其他三层交换机将生成通往这些 VLAN 的传输路径。通过网络地址 192.1.9.0/27 指定 VLAN 12 及对应的 IP 接口。其实，对于三层交换机 Switch7，可以通过网络地址 192.1.9.12/30 指定 VLAN 12 及对应的 IP 接口。但对于三层交换机 Switch8,通过网络地址 192.1.9.0/27 可以同时指定 VLAN 9、VLAN 10、VLAN 11 和 VLAN 13 及对应的 IP 接口。三层交换机 Switch7、Switch8 和 Switch9 完成 OSPF 配置后,创建用于指明通往校园网中所有 VLAN 的传输路径的路由项,三层交换机 Switch7、Switch8 和 Switch9 完整路由表如图 2.22~图 2.24 所示。路由表中类型(Type)字段值为 O 的路由项是 OSPF 创建的动态路由项,距离(Metric)字段值 110/3 中的 110 是管理距离值,用于确定该路由项的优先级,管理距离值越小,对应的路由项的优先级越高。如果存在多项类型不同、目的网络地址相同的路由项,使用优先级高的路由项。3 是距离,路由项中的距离是该路由器至目的网络传输路径经过的所有三层交换机输出接口的代价之和,三层交换机输出接口代价等于 10^8/接口传输速率。快速以太网接口的代价 $=10^8/(100\times10^6)=1$。

Routing Table for Multilayer Switch7

Type	Network	Port	Next Hop IP	Metric
C	192.1.2.0/24	Vlan2	---	0/0
C	192.1.3.0/24	Vlan3	---	0/0
C	192.1.4.0/24	Vlan4	---	0/0
C	192.1.5.0/24	Vlan5	---	0/0
C	192.1.9.12/30	Vlan12	---	0/0
O	192.1.6.0/24	Vlan12	192.1.9.14	110/3
O	192.1.7.0/24	Vlan12	192.1.9.14	110/3
O	192.1.8.0/24	Vlan12	192.1.9.14	110/3
O	192.1.9.0/30	Vlan12	192.1.9.14	110/3
O	192.1.9.16/30	Vlan12	192.1.9.14	110/2
O	192.1.9.4/30	Vlan12	192.1.9.14	110/3
O	192.1.9.8/30	Vlan12	192.1.9.14	110/3

图 2.22　Switch7 完整路由表

Routing Table for Multilayer Switch8

Type	Network	Port	Next Hop IP	Metric
C	192.1.6.0/24	Vlan6	---	0/0
C	192.1.7.0/24	Vlan7	---	0/0
C	192.1.8.0/24	Vlan8	---	0/0
C	192.1.9.0/30	Vlan9	---	0/0
C	192.1.9.16/30	Vlan13	---	0/0
C	192.1.9.4/30	Vlan10	---	0/0
C	192.1.9.8/30	Vlan11	---	0/0
O	192.1.2.0/24	Vlan13	192.1.9.18	110/3
O	192.1.3.0/24	Vlan13	192.1.9.18	110/3
O	192.1.4.0/24	Vlan13	192.1.9.18	110/3
O	192.1.5.0/24	Vlan13	192.1.9.18	110/3
O	192.1.9.12/30	Vlan13	192.1.9.18	110/2

图 2.23　Switch8 完整路由表

Routing Table for Multilayer Switch9

Type	Network	Port	Next Hop IP	Metric
C	192.1.9.12/30	Vlan12	---	0/0
C	192.1.9.16/30	Vlan13	---	0/0
O	192.1.2.0/24	Vlan12	192.1.9.13	110/2
O	192.1.3.0/24	Vlan12	192.1.9.13	110/2
O	192.1.4.0/24	Vlan12	192.1.9.13	110/2
O	192.1.5.0/24	Vlan12	192.1.9.13	110/2
O	192.1.6.0/24	Vlan13	192.1.9.17	110/2
O	192.1.7.0/24	Vlan13	192.1.9.17	110/2
O	192.1.8.0/24	Vlan13	192.1.9.17	110/2
O	192.1.9.0/30	Vlan13	192.1.9.17	110/2
O	192.1.9.4/30	Vlan13	192.1.9.17	110/2
O	192.1.9.8/30	Vlan13	192.1.9.17	110/2

图 2.24　Switch9 完整路由表

（7）所有三层交换机创建完整路由表后，可以实现校园网中任何两个终端之间、终端和服务器之间的通信过程，通过启动简单报文工具验证 PC0 与 Server2 之间的 IP 分组传输过程。

2.3.5 命令行配置过程

1. 三层交换机 Switch7 命令行配置过程

三层交换机 Switch7 创建 VLAN、为 VLAN 分配交换机端口，定义 IP 接口、为 IP 接口分配 IP 地址和子网掩码的命令行配置过程已在 2.2.5 节中做了介绍，这里只给出有关配置端口通道和 OSPF 的命令行配置过程。

```
Switch7(config)#interface range FastEthernet0/4-FastEthernet0/5
Switch7(config-if-range)#channel-group 1 mode active
Switch7(config-if-range)#channel-protocol lacp
Switch7(config-if-range)#exit
Switch7(config)#port-channel load-balance src-dst-mac
Switch7(config)#router ospf 07
Switch7(config-router)#network 192.1.2.0 0.0.0.255 area 1
Switch7(config-router)#network 192.1.3.0 0.0.0.255 area 1
Switch7(config-router)#network 192.1.4.0 0.0.0.255 area 1
Switch7(config-router)#network 192.1.5.0 0.0.0.255 area 1
Switch7(config-router)#network 192.1.9.0 0.0.0.31 area 1
Switch7(config-router)#exit
Switch7(config)#ip routing
```

2. 三层交换机 Switch9 命令行配置过程

```
Switch>enable
Switch#configure terminal
Switch(config)#hostname Switch9
Switch9(config)#interface range FastEthernet0/1-FastEthernet0/2
Switch9(config-if-range)#channel-group 1 mode active
Switch9(config-if-range)#channel-protocol lacp
Switch9(config-if-range)#exit
Switch9(config)#interface range FastEthernet0/3-FastEthernet0/5
Switch9(config-if-range)#channel-group 2 mode active
Switch9(config-if-range)#channel-protocol lacp
Switch9(config-if-range)#exit
Switch9(config)#port-channel load-balance src-dst-mac
Switch9(config)#vlan 12
Switch9(config-vlan)#name v12
Switch9(config-vlan)#exit
Switch9(config)#vlan 13
Switch9(config-vlan)#name v13
Switch9(config-vlan)#exit
Switch9(config)#interface port-channel 1
```

```
Switch9(config-if)#switchport mode access
Switch9(config-if)#switchport access vlan 12
Switch9(config-if)#exit
Switch9(config)#interface port-channel 2
Switch9(config-if)#switchport mode access
Switch9(config-if)#switchport access vlan 13
Switch9(config-if)#exit
Switch9(config)#interface vlan 12
Switch9(config-if)#ip address 192.1.9.14 255.255.255.252
Switch9(config-if)#exit
Switch9(config)#interface vlan 13
Switch9(config-if)#ip address 192.1.9.18 255.255.255.252
Switch9(config-if)#exit
Switch9(config)#router ospf 09
Switch9(config-router)#network 192.1.9.0 0.0.0.31 area 1
Switch9(config-router)#exit
Switch9(config)#ip routing
```

3. 三层交换机 Switch8 命令行配置过程

```
Switch>enable
Switch#configure terminal
Switch(config)#hostname Switch8
Switch8(config)#interface range FastEthernet0/3-FastEthernet0/4
Switch8(config-if-range)#channel-group 1 mode active
Switch8(config-if-range)#channel-protocol lacp
Switch8(config-if-range)#exit
Switch8(config)#interface range FastEthernet0/5-FastEthernet0/7
Switch8(config-if-range)#channel-group 2 mode active
Switch8(config-if-range)#channel-protocol lacp
Switch8(config-if-range)#exit
Switch8(config)#port-channel load-balance src-dst-mac
Switch8(config)#vlan 6
Switch8(config-vlan)#name v6
Switch8(config-vlan)#exit
Switch8(config)#vlan 7
Switch8(config-vlan)#name v7
Switch8(config-vlan)#exit
Switch8(config)#vlan 8
Switch8(config-vlan)#name v8
Switch8(config-vlan)#exit
Switch8(config)#vlan 9
Switch8(config-vlan)#name v9
Switch8(config-vlan)#exit
Switch8(config)#vlan 10
Switch8(config-vlan)#name v10
```

```
Switch8(config-vlan)#exit
Switch8(config)#vlan 11
Switch8(config-vlan)#name v11
Switch8(config-vlan)#exit
Switch8(config)#vlan 13
Switch8(config-vlan)#name v13
Switch8(config-vlan)#exit
Switch8(config)#interface FastEthernet0/1
Switch8(config-if)#switchport trunk encapsulation dot1q
Switch8(config-if)#switchport mode trunk
Switch8(config-if)#switchport trunk allowed vlan 6,7
Switch8(config-if)#exit
Switch8(config)#interface FastEthernet0/2
Switch8(config-if)#switchport trunk encapsulation dot1q
Switch8(config-if)#switchport mode trunk
Switch8(config-if)#switchport trunk allowed vlan 7,8
Switch8(config-if)#exit
Switch8(config)#interface port-channel 1
Switch8(config-if)#switchport trunk encapsulation dot1q
Switch8(config-if)#switchport mode trunk
Switch8(config-if)#switchport trunk allowed vlan 9-11
Switch8(config-if)#exit
Switch8(config)#interface port-channel 2
Switch8(config-if)#switchport mode access
Switch8(config-if)#switchport access vlan 13
Switch8(config-if)#exit
Switch8(config)#interface vlan 6
Switch8(config-if)#ip address 192.1.6.254 255.255.255.0
Switch8(config-if)#exit
Switch8(config)#interface vlan 7
Switch8(config-if)#ip address 192.1.7.254 255.255.255.0
Switch8(config-if)#exit
Switch8(config)#interface vlan 8
Switch8(config-if)#ip address 192.1.8.254 255.255.255.0
Switch8(config-if)#exit
Switch8(config)#interface vlan 9
Switch8(config-if)#ip address 192.1.9.2 255.255.255.252
Switch8(config-if)#exit
Switch8(config)#interface vlan 10
Switch8(config-if)#ip address 192.1.9.6 255.255.255.252
Switch8(config-if)#exit
Switch8(config)#interface vlan 11
Switch8(config-if)#ip address 192.1.9.10 255.255.255.252
Switch8(config-if)#exit
Switch8(config)#interface vlan 13
```

```
Switch8(config-if)#ip address 192.1.9.17 255.255.255.252
Switch8(config-if)#exit
Switch8(config)#router ospf 08
Switch8(config-router)#network 192.1.6.0 0.0.0.255 area 1
Switch8(config-router)#network 192.1.7.0 0.0.0.255 area 1
Switch8(config-router)#network 192.1.8.0 0.0.0.255 area 1
Switch8(config-router)#network 192.1.9.0 0.0.0.31 area 1
Switch8(config-router)#exit
Switch8(config)#ip routing
```

4. 二层交换机 Switch6 命令行配置过程

```
Switch>enable
Switch#configure terminal
Switch(config)#hostname Switch6
Switch6(config)#interface range FastEthernet0/4-FastEthernet0/5
Switch6(config-if-range)#channel-group 1 mode active
Switch6(config-if-range)#channel-protocol lacp
Switch6(config-if-range)#exit
Switch6(config)#port-channel load-balance src-dst-mac
Switch6(config)#vlan 9
Switch6(config-vlan)#name v9
Switch6(config-vlan)#exit
Switch6(config)#vlan 10
Switch6(config-vlan)#name v10
Switch6(config-vlan)#exit
Switch6(config)#vlan 11
Switch6(config-vlan)#name v11
Switch6(config-vlan)#exit
Switch6(config)#interface FastEthernet0/1
Switch6(config-if)#switchport mode access
Switch6(config-if)#switchport access vlan 9
Switch6(config-if)#exit
Switch6(config)#interface FastEthernet0/2
Switch6(config-if)#switchport mode access
Switch6(config-if)#switchport access vlan 10
Switch6(config-if)#exit
Switch6(config)#interface FastEthernet0/3
Switch6(config-if)#switchport mode access
Switch6(config-if)#switchport access vlan 11
Switch6(config-if)#exit
Switch6(config)#interface port-channel 1
Switch6(config-if)#switchport mode trunk
Switch6(config-if)#switchport trunk allowed vlan 9-11
Switch6(config-if)#exit
```

其他二层交换机的命令行配置过程与 Switch6 相似,不再赘述。

5. 命令列表

交换机命令行配置过程中使用的命令及功能说明如表 2.11 所示。

表 2.11 命令列表

命 令 格 式	功能和参数说明
port-channel load-balance {dst-ip | dst-mac | src-dst-ip | src-dst-mac | src-ip | src-mac}	选择 MAC 帧分发策略,默认状态下,选择 dst-mac 作为 MAC 帧分发策略。MAC 帧分发策略用于在聚合链路中选择传输 MAC 帧的物理链路
interface port-channel *port-channel-number*	进入指定端口通道的接口配置模式,端口通道的配置过程完全等同于交换机端口的配置过程。参数 *port-channel-number* 是端口通道号
interface range *port-range*	进入一组端口的接口配置模式,在该接口配置模式下完成的配置过程作用于一组端口。参数 *port-range* 用于指定一组端口,FastEthernet0/3-FastEthernet0/5 或者 FastEthernet0/7,FastEthernet0/9 是该参数的正确表示方式
channel-group *channel-group-number* mode {active | auto | desirable | on | passive}	选择分配给指定端口通道的交换机端口的激活模式,参数 *port-channel-number* 是端口通道号
channel-protocol {lacp | pagp}	选择使用的链路聚合控制协议
router ospf *process-id*	进入 OSPF 配置模式,参数 *process-id* 是 OSPF 进程标识符,只有本地意义
network *ip-address wildcard-mask* area *area-id*	用于指定参与 OSPF 创建动态路由项过程的三层交换机 IP 接口和三层交换机直接连接的 VLAN,参数 *ip-address* 和参数 *wildcard-mask* 用于指定 CIDR 地址块,*wildcard-mask* 的形式是子网掩码反码,其作用等同于子网掩码。如 192.1.9.0 0.0.0.31 指定的 CIDR 地址块为 192.1.9.0/27。0.0.0.31 是子网掩码 255.255.255.224 的反码。参数 *area-id* 是区域标识符,所有属于相同区域的接口和网络必须配置相同的区域标识符

2.4 分组过滤器配置实验

2.4.1 实验目的

一是掌握分组过滤器配置过程。二是掌握用分组过滤器控制 IP 分组传输过程的原理。三是掌握将分组过滤器作用到 IP 接口的过程。

2.4.2 实验原理

分组过滤器用于控制 VLAN 间 IP 分组传输过程,如果需要对 VLAN 间 IP 分组传输过程实施控制,需要在 IP 接口配置分组过滤器,使得 IP 接口或者继续传输,或者丢弃符合过滤规则的 IP 分组。为了对图 2.15(a)终端访问服务器过程实施控制,一是需要建立终端、服务器与 VLAN 之间的关联,以此确定终端和服务器的 IP 地址。二是需要配置过滤规则,通过过滤规则择出与终端访问服务器有关的 IP 分组。三是将过滤规则作用于 IP 接口,使得 IP 接口能够根据访问控制要求或者继续传输,或者丢弃符合过滤规则的 IP 分组。

1. 建立学员、服务器和 VLAN 之间的关联

学员只能接入 VLAN 2、3、4 和 5,FTP 服务器接入 VLAN 9,E-mail 服务器接入 VLAN 10,Web 服务器接入 VLAN 11。学员和服务器接入 VLAN 的情况及分配的 IP 地址范围如表 2.12 所示。

表 2.12　学员和服务器 VLAN 分配

学员或服务器	VLAN	IP 地址范围	学员或服务器	VLAN	IP 地址范围
学员	VLAN 2	192.1.2.0/24	FTP 服务器	VLAN 9	192.1.9.1/32
学员	VLAN 3	192.1.3.0/24	E-mail 服务器	VLAN 10	192.1.9.5/32
学员	VLAN 4	192.1.4.0/24	Web 服务器	VLAN 11	192.1.9.9/32
学员	VLAN 5	192.1.5.0/24			

2. 定义分组过滤器

为了实现不允许学员访问 FTP 服务器,但允许学员和其他终端及服务器通信的访问控制策略,定义如下分组过滤器,并将其作用到对应的 IP 接口。

三层交换机 S7 VLAN 2 对应的 IP 接口输入方向上配置的分组过滤器如下:

① 协议=IP,源 IP 地址=192.1.2.0/24,目的 IP 地址=192.1.9.1/32;丢弃。

② 协议=IP,源 IP 地址=192.1.2.0/24,目的 IP 地址=0.0.0.0/0;正常转发。

③ 协议=IP,源 IP 地址=0.0.0.0/0,目的 IP 地址=0.0.0.0/0;丢弃。

三层交换机 S7 VLAN 3 对应的 IP 接口输入方向上配置的分组过滤器如下:

① 协议=IP,源 IP 地址=192.1.3.0/24,目的 IP 地址=192.1.9.1/32;丢弃。

② 协议=IP,源 IP 地址=192.1.3.0/24,目的 IP 地址=0.0.0.0/0;正常转发。

③ 协议=IP,源 IP 地址=0.0.0.0/0,目的 IP 地址=0.0.0.0/0;丢弃。

三层交换机 S7 VLAN 4 对应的 IP 接口输入方向上配置的分组过滤器如下:

① 协议=IP,源 IP 地址=192.1.4.0/24,目的 IP 地址=192.1.9.1/32;丢弃。

② 协议=IP,源 IP 地址=192.1.4.0/24,目的 IP 地址=0.0.0.0/0;正常转发。

③ 协议=IP,源 IP 地址=0.0.0.0/0,目的 IP 地址=0.0.0.0/0;丢弃。

三层交换机 S7 VLAN 5 对应的 IP 接口输入方向上配置的分组过滤器如下:

① 协议=IP,源 IP 地址=192.1.5.0/24,目的 IP 地址=192.1.9.1/32;丢弃。

② 协议=IP,源 IP 地址=192.1.5.0/24,目的 IP 地址=0.0.0.0/0;正常转发。

③ 协议=IP,源 IP 地址=0.0.0.0/0,目的 IP 地址=0.0.0.0/0;丢弃。

三层交换机 S7 VLAN 2 对应的 IP 接口输入方向上配置的分组过滤器不允许连接在 VLAN 2 上的终端访问 FTP 服务器,但允许连接在 VLAN 2 上的终端访问其他服务器和所有其他终端,一旦连接在 VLAN 2 上的终端没有配置属于网络地址 192.1.2.0/24 的 IP 地址,该终端将被禁止和其他网络通信,以此阻止连接在 VLAN 2 上的终端实施源 IP 地址欺骗攻击。

2.4.3　关键命令说明

1. 定义分组过滤器

```
Switch(config)#access-list 101 deny ip 192.1.2.0 0.0.0.255 host 192.1.9.1
Switch(config)#access-list 101 permit ip 192.1.2.0 0.0.0.255 any
Switch(config)#access-list 101 deny ip any any
```

命令 access-list 101 deny ip 192.1.2.0 0.0.0.255 host 192.1.9.1 是全局模式下使用的命令,该命令的作用是在编号为 101 的分组过滤器中增加一条过滤规则,该过滤规则表明:丢弃源 IP 地址属于 CIDR 地址块 192.1.2.0/24、目的 IP 地址为 192.1.9.1 的 IP 分组。参数 IP 指定是 IP 分组,参数 192.1.2.0 0.0.0.255 指定 CIDR 地址块 192.1.2.0/24,0.0.0.255 以反码的形式给出子网掩码 255.255.255.0。参数 host 192.1.9.1 指定 IP 地址 192.1.9.1。

命令 access-list 101 permit ip 192.1.2.0 0.0.0.255 any 是全局模式下使用的命令,该命令的作用是在标号为 101 的分组过滤器中增加一条过滤规则,该过滤规则表明:允许源 IP 地址属于 CIDR 地址块 192.1.2.0/24、目的 IP 地址任意的 IP 分组继续转发。参数 any 表明是任意 IP 地址。分组过滤器中的过滤规则是有顺序的,只有当某个 IP 分组与第一条过滤规则不匹配的情况下才会与第二条过滤规则进行匹配操作。因此,这两条过滤规则表明:如果某个 IP 分组与第一条过滤规则匹配,即源 IP 地址属于 CIDR 地址块 192.1.2.0/24、目的 IP 地址为 192.1.9.1,该 IP 分组被该分组过滤器丢弃,不再和其他过滤规则进行匹配操作。只有当某个 IP 分组没有与第一条过滤规则匹配,才会与第二条过滤规则进行匹配操作。因此,包含这两条过滤规则的分组过滤器表明:允许源 IP 地址属于 CIDR 地址块 192.1.2.0/24,但目的 IP 地址不是 192.1.9.1 的 IP 分组继续转发。

过滤规则 access-list 101 deny ip any any 表明:丢弃一切 IP 分组。包含上述三条过滤规则的分组过滤器表明:只允许源 IP 地址属于 CIDR 地址块 192.1.2.0/24,但目的 IP 地址不是 192.1.9.1 的 IP 分组继续转发,丢弃其他一切 IP 分组。

分组过滤器中过滤规则顺序至关重要,否则无法正确实现访问控制策略。分组过滤器的编号范围是 100~199。属于相同分组过滤器的过滤规则必须具有相同的编号。

2. 将分组过滤器作用到 IP 接口

```
Switch(config)#interface vlan 2
Switch(config-if)#ip access-group 101 in
Switch(config-if)#exit
```

命令 ip access-group 101 in 是接口配置模式下使用的命令,使用该命令前首先需要进入指定 IP 接口的接口配置模式。该命令的作用是在指定 IP 接口的输入方向作用编号为 101 的分组过滤器,参数 101 用于指定分组过滤器编号,参数 in 表明是 IP 接口输入方向。一旦在 IP 接口输入方向作用分组过滤器,三层交换机通过该 IP 接口接收到的 IP 分组中,只对分组过滤器允许继续转发的 IP 分组进行转发操作,丢弃分组过滤器表明丢弃的其他一切 IP 分组。

2.4.4　实验步骤

（1）根据访问控制策略：不允许学员访问 FTP 服务器，但允许学员和其他终端及服务器通信，配置分组过滤器，由于学员可以连接在多个 VLAN 上，因此需要为多个不同的 IP 接口配置多个分组过滤器。

（2）由于允许学员连接到 VLAN 2、VLAN 3、VLAN 4 和 VLAN 5 上，将分组过滤器作用于 VLAN 2、VLAN 3、VLAN 4 和 VLAN 5 对应的 IP 接口。

（3）只能通过命令行接口配置方式完成分组过滤器配置，并将分组过滤器作用于 IP 接口的过程。

2.4.5　命令行配置过程

1. 三层交换机 Switch7 命令行配置过程

由于 VLAN 2、VLAN 3、VLAN 4 和 VLAN 5 对应的 IP 接口都在三层交换机 Switch7 上，因此只对 Switch7 进行相关配置过程。

```
Switch7(config)#access-list 101 deny ip 192.1.2.0 0.0.0.255 host 192.1.9.1
Switch7(config)#access-list 101 permit ip 192.1.2.0 0.0.0.255 any
Switch7(config)#access-list 101 deny ip any any
Switch7(config)#access-list 102 deny ip 192.1.3.0 0.0.0.255 host 192.1.9.1
Switch7(config)#access-list 102 permit ip 192.1.3.0 0.0.0.255 any
Switch7(config)#access-list 102 deny ip any any
Switch7(config)#access-list 103 deny ip 192.1.4.0 0.0.0.255 host 192.1.9.1
Switch7(config)#access-list 103 permit ip 192.1.4.0 0.0.0.255 any
Switch7(config)#access-list 103 deny ip any any
Switch7(config)#access-list 104 deny ip 192.1.5.0 0.0.0.255 host 192.1.9.1
Switch7(config)#access-list 104 permit ip 192.1.5.0 0.0.0.255 any
Switch7(config)#access-list 104 deny ip any any
Switch7(config)#interface vlan 2
Switch7(config-if)#ip access-group 101 in
Switch7(config-if)#exit
Switch7(config)#interface vlan 3
Switch7(config-if)#ip access-group 102 in
Switch7(config-if)#exit
Switch7(config)#interface vlan 4
Switch7(config-if)#ip access-group 103 in
Switch7(config-if)#exit
Switch7(config)#interface vlan 5
Switch7(config-if)#ip access-group 104 in
Switch7(config-if)#exit
```

2. 命令列表

交换机命令行配置过程中使用的命令及功能说明如表 2.13 所示。

表 2.13 命令列表

命 令 格 式	功能和参数说明
access-list *access-list-number* {deny | permit} *protocol source source-wildcard destination destination-wildcard*	配置扩展分组过滤器,参数 *access-list-number* 是访问控制列表编号,取值范围为 100～199。参数 *protocol* 用于指定协议。参数 *source* 和 *source-wildcard* 用于指定匹配源 IP 地址的 CIDR 地址块,*destination* 和 *destination-wildcard* 用于指定匹配目的 IP 地址的 CIDR 地址块。参数 *source-wildcard* 和 *destination-wildcard* 使用子网掩码反码的形式。该规则的作用是继续转发(permit)或丢弃(deny)源 IP 地址属于由参数 *source* 和 *source-wildcard* 指定的 CIDR 地址块、目的 IP 地址属于由参数 *destination* 和 *destination-wildcard* 指定的 CIDR 地址块的 IP 分组
ip access-group *access-list-number* {in | out}	将分组过滤器作用到 IP 接口上,参数 *access-list-number* 用于指定分组过滤器,选择 in 表明该分组过滤器作用在 IP 接口的输入方向,选择 out 表明该分组过滤器作用在 IP 接口的输出方向

第3章 企业网设计实验

企业网设计的关键是内部网络私有 IP 地址分配、NAT 和访问控制策略实现，私有 IP 地址使得内部网络对于外部网络 Internet 是透明的，NAT 允许配置私有 IP 地址的内部网络终端访问外部网络资源。访问控制策略严格限制内部网络与外部网络之间的信息交换过程。

3.1 企业网路由项配置实验

3.1.1 实验目的

一是掌握私有 IP 地址和全球 IP 地址之间的区别。二是掌握内部网络对外部网络的透明性。三是完成互连网络设计和配置。四是掌握 OSPF 建立动态路由项过程。五是掌握内部网络与外部网络之间的 IP 分组传输过程。

3.1.2 实验原理

企业网结构如图 3.1 所示，由内部网络、非军事区(Demilitarized Zone,DMZ)和外部网络组成。内部网络主要用于实现内部终端与内部服务器之间互连，基于安全角度，内部网络中的终端与服务器对于其他网络中的用户是透明的，其他网络中的用户无法发起对内部网络中资源(包括内部终端和内部服务器)的访问过程。DMZ 是企业网向外发布信息及实现与外部网络之间信息交换的窗口，其他网络中的用户允许发起对 DMZ 中 Web 服务器的访问过程，DMZ 中的邮件服务器需要与其他网络中的邮件服务器交换信件。外部网络通常是 Internet。

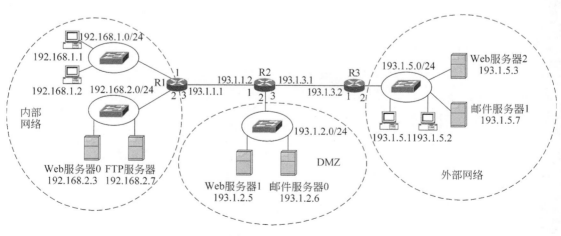

图 3.1 企业网结构

企业网设计的第一步是实现下述通信过程：一是内部网络中分配私有 IP 地址的内部网络终端和内部网络服务器之间的通信过程。二是外部网络中分配全球 IP 地址的外部网络终端与外部网络服务器之间的通信过程。三是外部网络中分配全球 IP 地址的外部网络终端与 DMZ 中分配全球 IP 地址的 DMZ 服务器之间的通信过程。实现上述通信过程的关键是建立内部网络和外部网络中各个路由器的路由表，路由表中包括直连路由项和路由协议创建的动态路由项。

1. 地址分配与直连路由项

内部网络由两个子网组成，在为连接这两个子网的路由器 R1 接口 1 和接口 2 配置 IP 地址和子网掩码 192.168.1.254/24 和 192.168.2.254/24 后，路由器 R1 自动生成用于指明通往网络 192.168.1.0/24 和网络 192.168.2.0/24 的传输路径的直连路由项，网络地址 192.168.1.0/24 和 192.168.2.0/24 是私有 IP 地址。路由器 R1 接口 3 用于实现与外部网络互连，因此配置全球 IP 地址 193.1.1.1/30。由于实现路由器互连的网络只连接两个路由器接口，因此为节省全球 IP 地址，只对这样的网络分配两个有效的全球 IP 地址。路由器 R1 自动生成的用于指明通往网络 193.1.1.0/30 的传输路径的直连路由项如表 3.1 所示。

表 3.1　路由器 R1 直连路由项

目 的 网 络	输出接口	下 一 跳	距离
192.168.1.0/24	1	直接	0
192.168.2.0/24	2	直接	0
193.1.1.0/30	3	直接	0

路由器 R1 路由表中一旦生成表 3.1 所示的直连路由项，内部网络中的终端之间、终端与服务器之间可以实现 IP 分组传输过程。

同样，按照图 3.1 所示为路由器 R2 和 R3 的接口配置 IP 地址和子网掩码后，路由器 R2 和 R3 自动生成表 3.2 和表 3.3 所示的直连路由项。

表 3.2　路由器 R2 直连路由项

目 的 网 络	输出接口	下 一 跳	距离
193.1.1.0/30	1	直接	0
193.1.2.0/24	2	直接	0
193.1.3.0/30	3	直接	0

表 3.3　路由器 R3 直连路由项

目 的 网 络	输出接口	下 一 跳	距离
193.1.3.0/30	1	直接	0
193.1.5.0/24	2	直接	0

2. 创建动态路由项

在各个路由器中启动 OSPF 进程，配置用于指定参与 OSPF 创建动态路由项过程的路由器接口和路由器直接连接的网络的 CIDR 地址块。值得指出的是，在配置路由器 R1 时，不应包含私有 IP 地址,因此内部网络和连接内部网络的路由器接口不参与 OSPF 创建动态路由项过程,其他路由器 OSPF 路由进程创建的动态路由项中不包含用于指明通往网络192.168.1.0/24 和网络 192.168.2.0/24 的传输路径的动态路由项,网络 192.168.1.0/24和网络 192.168.2.0/24 对于路由器 R2 和 R3 是透明的。路由器 R1、R2 和 R3 包含动态路由项的路由表如表 3.4~表 3.6 所示。路由表中类型为 C 的是直连路由项,类型为 O 的是OSPF 创建的动态路由项。

表 3.4 路由器 R1 路由表

类型	目 的 网 络	输出接口	下 一 跳	距离
C	193.1.1.0/30	3	直接	0
O	193.1.2.0/24	3	193.1.1.2	2
O	193.1.3.0/30	3	193.1.1.2	2
O	193.1.5.0/24	3	193.1.1.2	3

表 3.5 路由器 R2 路由表

类型	目 的 网 络	输出接口	下 一 跳	距离
C	193.1.1.0/30	1	直接	0
C	193.1.2.0/24	2	直接	0
C	193.1.3.0/30	3	直接	0
O	193.1.5.0/24	3	193.1.3.2	2

表 3.6 路由器 R3 路由表

类型	目 的 网 络	输出接口	下 一 跳	距离
O	193.1.1.0/30	1	193.1.3.1	2
O	193.1.2.0/24	1	193.1.3.1	2
C	193.1.3.0/30	1	直接	0
C	193.1.5.0/24	2	直接	0

根据三个路由器中的路由表内容,DMZ 与外部网络之间可以相互通信,内部网络与DMZ 和外部网络之间只能实现内部网络至 DMZ 和外部网络的单向 IP 分组传输过程。

3.1.3 关键命令说明

配置路由器接口:

```
Router(config)#interface FastEthernet0/0
Router(config-if)#no shutdown
Router(config-if)#ip address 192.168.1.254 255.255.255.0
Router(config-if)#exit
```

命令 interface FastEthernet0/0 是全局模式下使用的命令,该命令的作用是进入路由器接口 FastEthernet0/0 的接口配置模式。

　　命令 no shutdown 是接口配置模式下使用的命令,该命令的作用是开启路由器接口。路由器接口默认状态是关闭的,因此需要通过该命令开启路由器接口。三层交换机中除了VLAN 1(默认 VLAN)对应的 IP 接口外,其他 VLAN 对应的 IP 接口的默认状态是开启的,因此在创建 IP 接口后,无须用命令 no shutdown 开启该 IP 接口。

　　命令 ip address 192.168.1.254 255.255.255.0 是接口配置模式下使用的命令,该命令的作用是为路由器接口配置 IP 地址 192.168.1.254 和子网掩码 255.255.255.0。一旦为路由器接口配置 IP 地址 192.168.1.254 和子网掩码 255.255.255.0,将该路由器接口连接的网络的网络地址确定为 192.168.1.0/24。

　　值得指出的是,二层交换机端口是不能配置 IP 地址和子网掩码的,三层交换机一是可以为 VLAN 对应的 IP 接口配置 IP 地址和子网掩码,二是可以为取消二层交换功能的交换机端口配置 IP 地址和子网掩码,取消二层交换功能的三层交换机端口等同于路由器接口。

3.1.4　实验步骤

　　(1) 启动 Packet Tracer,在逻辑工作区按照图 3.1 所示的企业网结构放置和连接设备,完成设备放置和连接后的逻辑工作区界面如图 3.2 所示。

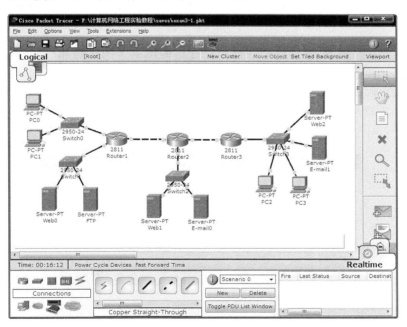

图 3.2　放置和连接设备后的逻辑工作区界面

　　(2) 按照图 3.1 所示为各个路由器接口配置 IP 地址和子网掩码,可以通过图形接口或命令行接口完成各个路由器接口 IP 地址和子网掩码配置过程。图 3.3 所示是通过图形接口配置路由器 Router1 接口 FastEthernet0/0 的界面,在路由器 Router1 图形接口配置界面单击路由器接口 FastEthernet0/0,弹出接口配置界面,选中 Port Status 中的 On 选项,开启路由器接口。在 IP Address 和 Subnet Mask 文本框中输入 IP 地址 192.168.1.254 和子网掩码 255.255.255.0。

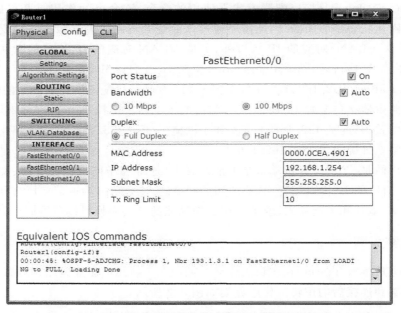

图 3.3 图形接口配置路由器接口界面

（3）路由器接口的 IP 地址成为在该接口连接的网络上的终端和服务器的默认网关地址，同时，由路由器接口的 IP 地址和子网掩码确定该接口所连接的网络的网络地址。完成路由器接口 IP 地址和子网掩码配置后，各个路由器的路由表中自动生成用于指明通往路由器直接连接的网络的传输路径的直连路由项。Router1、Router2 和 Router3 生成的直连路由项如图 3.4～图 3.6 所示。

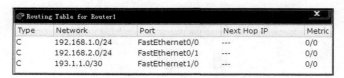

Routing Table for Router1				
Type	Network	Port	Next Hop IP	Metric
C	192.168.1.0/24	FastEthernet0/0	---	0/0
C	192.168.2.0/24	FastEthernet0/1	---	0/0
C	193.1.1.0/30	FastEthernet1/0	---	0/0

图 3.4 路由器 Router1 直连路由项

Routing Table for Router2				
Type	Network	Port	Next Hop IP	Metric
C	193.1.1.0/30	FastEthernet0/0	---	0/0
C	193.1.2.0/24	FastEthernet1/0	---	0/0
C	193.1.3.0/30	FastEthernet0/1	---	0/0

图 3.5 路由器 Router2 直连路由项

Routing Table for Router3				
Type	Network	Port	Next Hop IP	Metric
C	193.1.3.0/30	FastEthernet0/0	---	0/0
C	193.1.5.0/24	FastEthernet0/1	---	0/0

图 3.6 路由器 Router3 直连路由项

（4）在各个路由器中启动 OSPF 路由进程，确定每一个路由器参与 OSPF 创建动态路由项过程的接口和网络，各个路由器创建用于指明通往没有与其直接连接的网络的传输路径的动态路由项。需要强调的是，路由器 Router1 连接内部网络的接口和内部网络均不参与 OSPF 创建动态路由项过程，因此，路由器 Router2 和 Router3 的动态路由项中不包含用于指明通往内部网络的传输路径的路由项，内部网络对于路由器 Router2 和 Router3 是透明的。Router1、Router2 和 Router3 包含动态路由项的路由表内容如图 3.7～图 3.9 所示。

Routing Table for Router1				
Type	Network	Port	Next Hop IP	Metric
C	192.168.1.0/24	FastEthernet0/0	---	0/0
C	192.168.2.0/24	FastEthernet0/1	---	0/0
C	193.1.1.0/30	FastEthernet1/0	---	0/0
O	193.1.2.0/24	FastEthernet1/0	193.1.1.2	110/2
O	193.1.3.0/30	FastEthernet1/0	193.1.1.2	110/2
O	193.1.5.0/24	FastEthernet1/0	193.1.1.2	110/3

图 3.7　路由器 Router1 路由表

Routing Table for Router2				
Type	Network	Port	Next Hop IP	Metric
C	193.1.1.0/30	FastEthernet0/0	---	0/0
C	193.1.2.0/24	FastEthernet1/0	---	0/0
C	193.1.3.0/30	FastEthernet0/1	---	0/0
O	193.1.5.0/24	FastEthernet0/1	193.1.3.2	110/2

图 3.8　路由器 Router2 路由表

Routing Table for Router3				
Type	Network	Port	Next Hop IP	Metric
C	193.1.3.0/30	FastEthernet0/0	---	0/0
C	193.1.5.0/24	FastEthernet0/1	---	0/0
O	193.1.1.0/30	FastEthernet0/0	193.1.3.1	110/2
O	193.1.2.0/24	FastEthernet0/0	193.1.3.1	110/2

图 3.9　路由器 Router3 路由表

（5）为 PC0、PC2 和 Web1 分配网络信息，为这些终端和服务器分配的 IP 地址必须属于所连接的网络的网络地址，默认网关地址是路由器连接所在网络的接口的 IP 地址。对于 PC0，由于所连接的网络的网络地址为 192.168.1.0/24，因此分配的 IP 地址必须是属于网络地址 192.168.1.0/24 的有效 IP 地址，默认网关地址是路由器 Router1 连接该网络的接口的 IP 地址 192.168.1.254。PC0、PC2 和 Web1 分配网络信息的界面如图 3.10～图 3.12 所示。

（6）通过启动简单报文工具，验证 PC2 和 Web1 之间的 IP 分组传输过程。为了验证 PC0 至 Web1 的单向传输过程。在 PC0 通过复杂报文工具创建图 3.13 所示的 PC0 发送给 Web1 的 ICMP 报文，在模拟操作模式下观察该 ICMP 报文 PC0 至 Web1 的单向传输过程。Web1 至 PC0 的 ICMP 报文如图 3.14 所示，由于路由器 Router2 无法转发以私有 IP 地址为目的 IP 地址的 IP 分组，该 ICMP 报文被路由器 Router2 丢弃。

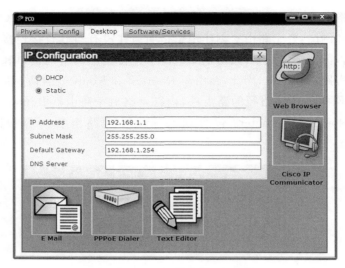

图 3.10　PC0 网络信息配置界面

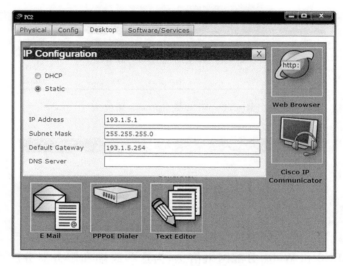

图 3.11　PC2 网络信息配置界面

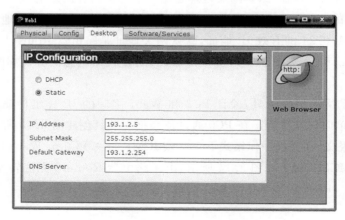

图 3.12　Web1 网络信息配置界面

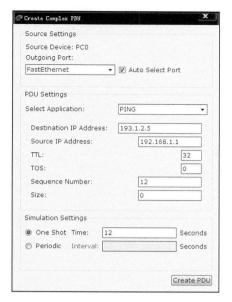

图 3.13　PC0 至 Web1 ICMP 报文

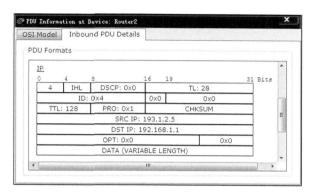

图 3.14　Web1 至 PC0 ICMP 报文

3.1.5　命令行配置过程

1. Router1 命令行配置过程

```
Router>enable
Router#configure terminal
Router(config)#hostname Router1
Router1(config)#interface FastEthernet0/0
Router1(config-if)#no shutdown
Router1(config-if)#ip address 192.168.1.254 255.255.255.0
Router1(config-if)#exit
Router1(config)#interface FastEthernet0/1
Router1(config-if)#no shutdown
Router1(config-if)#ip address 192.168.2.254 255.255.255.0
Router1(config-if)#exit
Router1(config)#interface FastEthernet1/0
Router1(config-if)#no shutdown
Router1(config-if)#ip address 193.1.1.1 255.255.255.252
Router1(config-if)#exit
Router1(config)#router ospf 01
Router1(config-router)#network 193.1.1.0 0.0.0.3 area 1
Router1(config-router)#exit
```

2. Router2 命令行配置过程

```
Router>enable
Router#configure terminal
Router(config)#hostname Router2
```

```
Router2(config)#interface FastEthernet0/0
Router2(config-if)#no shutdown
Router2(config-if)#ip address 193.1.1.2 255.255.255.252
Router2(config-if)#exit
Router2(config)#interface FastEthernet1/0
Router2(config-if)#no shutdown
Router2(config-if)#ip address 193.1.2.254 255.255.255.0
Router2(config-if)#exit
Router2(config)#interface FastEthernet0/1
Router2(config-if)#no shutdown
Router2(config-if)#ip address 193.1.3.1 255.255.255.252
Router2(config-if)#exit
Router2(config)#router ospf 02
Router2(config-router)#network 193.1.1.0 0.0.0.3 area 1
Router2(config-router)#network 193.1.2.0 0.0.0.255 area 1
Router2(config-router)#network 193.1.3.0 0.0.0.3 area 1
Router2(config-router)#exit
```

3. Router3 命令行配置过程

```
Router>enable
Router#configure terminal
Router(config)#hostname Router3
Router3(config)#interface FastEthernet0/0
Router3(config-if)#no shutdown
Router3(config-if)#ip address 193.1.3.2 255.255.255.252
Router3(config-if)#exit
Router3(config)#interface FastEthernet0/1
Router3(config-if)#no shutdown
Router3(config-if)#ip address 193.1.5.254 255.255.255.0
Router3(config-if)#exit
Router3(config)#router ospf 03
Router3(config-router)#network 193.1.3.0 0.0.0.3 area 1
Router3(config-router)#network 193.1.5.0 0.0.0.255 area 1
Router3(config-router)#exit
```

4. 命令列表

路由器命令行配置过程中使用的命令及功能说明如表 3.7 所示。

表 3.7　命令列表

命令格式	功能和参数说明
interface *port-id*	进入由参数 *port-id* 指定的路由器接口的接口配置模式
ip address *ip-address subnet-mask*	为路由器接口配置 IP 地址和子网掩码。参数 *ip-address* 是用户配置的 IP 地址,参数 *subnet-mask* 是用户配置的子网掩码
no shutdown	没有参数,开启某个路由器接口

3.2　NAT 配置实验

3.2.1　实验目的

一是掌握内部网络设计过程和私有 IP 地址使用方法。二是验证网络地址转换(Network Address Translation,NAT)过程。三是掌握路由器动态 NAT 配置过程。四是验证私有 IP 地址与全球 IP 地址之间的转换过程。五是验证内部网络终端对外部网络的访问过程。六是验证 IP 分组的格式转换过程。七是掌握路由器静态 NAT 配置过程。八是掌握外部网络终端对内部网络服务器的访问过程。

3.2.2　实验原理

建立内部网络和外部网络中各个路由器的路由表后,并不能实现内部网络终端对外部网络的访问,也不能实现外部网络终端对内部网络的访问。实现内部网络终端对外部网络的访问,需要建立内部网络终端私有 IP 地址与全球 IP 地址之间的映射。内部网络终端发送的 IP 分组进入外部网络后,以与该内部网络终端私有 IP 地址建立映射的全球 IP 地址为源 IP 地址。同样,外部网络终端发送给内部网络终端的 IP 分组,以与该内部网络终端私有 IP 地址建立映射的全球 IP 地址为目的 IP 地址。NAT 用于建立内部网络终端私有 IP 地址与全球 IP 地址之间的映射,在 IP 分组内部网络至外部网络的传输过程中完成用全球 IP 地址替代 IP 分组源 IP 地址的操作过程,在 IP 分组外部网络至内部网络的传输过程中完成用私有 IP 地址替代 IP 分组目的 IP 地址的操作过程。

1. 配置全球 IP 地址池

图 3.1 中内部网络配置私有 IP 地址,由于外部网络对私有 IP 地址是透明的,因此外部网络无法路由以私有 IP 地址为目的 IP 地址的 IP 分组。因此,所有内部网络发送的 IP 分组进入外部网络前,其源 IP 地址必须转换为全球 IP 地址,同时路由器必须建立原来源 IP 地址(内部本地地址)与转换后的全球 IP 地址(内部全球地址)之间映射。为实现这一功能,需要为路由器 Router1 定义全球 IP 地址池,内部网络终端只有获取全球 IP 地址池中某个全球 IP 地址后才能与外部网络通信。这里分配 CIDR 地址块 193.1.4.0/27 作为 Router1 的全球 IP 地址池,所有内部网络终端向外部网络发送的 IP 分组以该 CIDR 地址块中一个全球 IP 地址作为源 IP 地址。

2. 定义动态 NAT

某个内部网络终端向外部网络发送 IP 分组时,首先需要从全球 IP 地址池中获得一个全球 IP 地址,建立该全球 IP 地址与内部网络终端私有 IP 地址之间的映射。以后所有该内部网络终端发送的至外部网络的 IP 分组,进入外部网络时,用全球 IP 地址替换 IP 分组的源 IP 地址;外部网络至该内部网络终端的 IP 分组,进入内部网络时,以该内部网络终端的私有 IP 地址替换 IP 分组的目的 IP 地址。因此,定义动态 NAT,除了全球 IP 地址池外,还需要确定路由器 Router1 连接内部网络的接口和连接外部网络的接口,允许实现 NAT 的内部网络终端范围。路由器 Router1 只对从连接内部网络接口输入,从连接外部网络接口输出的 IP 分组,或者相反,从连接外部网络接口输入,从连接内部网络接口输出的 IP 分组实施 NAT 操作。

3. 定义静态 NAT

动态 NAT 只能实现由内部网络终端发起访问外部网络的访问过程，如果需要实现由外部网络终端发起访问内部网络的访问过程，需要通过手工配置建立内部网络私有 IP 地址与全球 IP 地址之间的映射，这样，外部网络终端才能以该全球 IP 地址访问配置对应私有 IP 地址的内部网络终端或服务器。

4. 静态路由项

由于外部网络终端发送给内部网络的 IP 分组都以全球 IP 地址池中某个全球 IP 地址为目的 IP 地址，外部网络需将这样的 IP 分组转发给路由器 Router1，因此路由器 Router2 和 Router3 的路由表中须存在用于转发以属于全球 IP 地址池中的全球 IP 地址为目的 IP 地址的 IP 分组的路由项。该项路由项通过手工配置建立。

3.2.3 关键命令说明

1. 建立全球 IP 地址池与一组私有地址之间的关联

```
Router(config)#access-list 1 permit 192.168.1.0 0.0.0.255
Router(config)#ip nat pool a1 193.1.4.1 193.1.4.13 netmask 255.255.255.240
Router(config)#ip nat inside source list 1 pool a1
```

命令 access-list 1 permit 192.168.1.0 0.0.0.255 是全局模式下使用的命令，其本意是创建编号为 1 的标准分组过滤器。定义过滤规则：允许继续转发源 IP 地址属于 CIDR 地址块 192.168.1.0/24 的 IP 分组。这里的功能是定义允许进行 NAT 操作的私有 IP 地址范围 192.168.1.0/24。

命令 ip nat pool a1 193.1.4.1 193.1.4.13 netmask 255.255.255.240 是全局模式下使用的命令，该命令用于定义全球 IP 地址池，a1 是全球 IP 地址池名，193.1.4.1 是一组全球 IP 地址的起始地址，193.1.4.13 是一组全球 IP 地址的结束地址，全球 IP 地址池是一组从起始地址到结束地址且包含起始和结束地址的连续全球 IP 地址。255.255.255.240 是这一组全球 IP 地址的子网掩码。

命令 ip nat inside source list 1 pool a1 是全局模式下使用的命令，该命令的作用是将编号为 1 的访问控制列表指定的私有 IP 地址范围与名为 a1 的全球 IP 地址池绑定在一起。

执行上述命令后，如果路由器通过连接内部网络的接口接收到某个 IP 分组且该 IP 分组满足下述条件：

- IP 分组源 IP 地址属于 CIDR 地址块 192.168.1.0/24；
- 确定 IP 分组通过连接外部网络的接口输出。

路由器对其进行 NAT 操作，从全球 IP 地址池中选择一个未分配的全球 IP 地址，创建地址转换项<IP 分组源 IP 地址(Inside Local)，全球 IP 地址(Inside Global)>，IP 分组的源 IP 地址作为地址转换项中的内部本地地址(Inside Local)，从全球 IP 地址池选择的全球 IP 地址作为地址转换项中的内部全球地址(Inside Global)，用内部全球地址取代 IP 分组的源 IP 地址。

当路由器通过连接外部网络的接口接收到某个 IP 分组，首先用该 IP 分组的目的 IP 地址检索地址转换表,如果找到内部全球地址与该 IP 分组的目的 IP 地址相同的地址转换项,用地址转换项中的内部本地地址取代 IP 分组的目的 IP 地址。

2. 创建静态地址转换项

```
Router(config)#ip nat inside source static 192.168.2.3 193.1.4.14
```

命令 ip nat inside source static 192.168.2.3 193.1.4.14 是全局模式下使用的命令,该命令的作用是创建静态地址转换项＜192.168.2.3(Inside Local),193.1.4.14(Inside Global)＞。路由器执行该命令后,对于通过连接内部网络的接口接收到的源 IP 地址为192.168.2.3 的 IP 分组,用内部全球地址 193.1.4.14 取代源 IP 地址 192.168.2.3。对于通过连接外部网络的接口接收到的目的 IP 地址为 193.1.4.14 的 IP 分组,用内部本地地址192.168.2.3 取代目的 IP 地址 192.1.1.14。

3. 指定路由器连接内部网络与外部网络的接口

```
Router(config)#interface FastEthernet0/0
Router(config-if)#ip nat inside
Router(config-if)#exit
Router(config)#interface FastEthernet1/0
Router(config-if)#ip nat outside
Router(config-if)#exit
```

命令 ip nat inside 是接口配置模式下使用的命令,该命令的作用是将接口FastEthernet0/0 指定为连接内部网络的接口。

命令 ip nat outside 是接口配置模式下使用的命令,该命令的作用是将接口FastEthernet1/0 指定为连接外部网络的接口。

4. 配置静态路由项

```
Router(config)#ip route 193.1.4.0 255.255.255.240 193.1.1.1
```

命令 ip route 193.1.4.0 255.255.255.240 193.1.1.1 是全局模式下使用的命令,该命令的作用是配置一项静态路由项,其中 193.1.4.0 255.255.255.240 指定目的网络 193.1.4.0/28、193.1.1.1 指定下一跳路由器 IP 地址。

3.2.4　实验步骤

(1) 通过命令行接口配置方式完成路由器 Router1 有关 NAT 的配置过程:一是指定允许进行 NAT 操作的私有 IP 地址范围,二是定义全球 IP 地址池,三是建立允许进行 NAT 操作的私有 IP 地址范围与全球 IP 地址池之间的关联,四是配置允许外部网络终端发起访问内部网络服务器的静态地址转换项,五是指定连接内部网络和外部网络的路由器接口。

(2) 在路由器 Router2 和 Router3 中创建用于指明通往网络 193.1.4.0/28 的传输路径的静态路由项,CIDR 地址块 193.1.4.0/28 组成了 Router1 的全球 IP 地址池。可以通过图形接口和命令行接口配置方式完成静态路由项的创建过程。图 3.15 是 Router2 图形接口创建静态路由项的界面。单击 Router2 图形接口界面的＜Static＞,弹出图 3.15 所示的静态路由项配置界面,Network 文本框中输入目的网络的网络地址,Mask 文本框中输入目的网络的子网掩码,Next Hop 文本框中输入下一跳路由器的 IP 地址。路由器 Router2 和

Router3 完成静态路由项配置后,最终生成图 3.16 和图 3.17 所示的完整路由表。

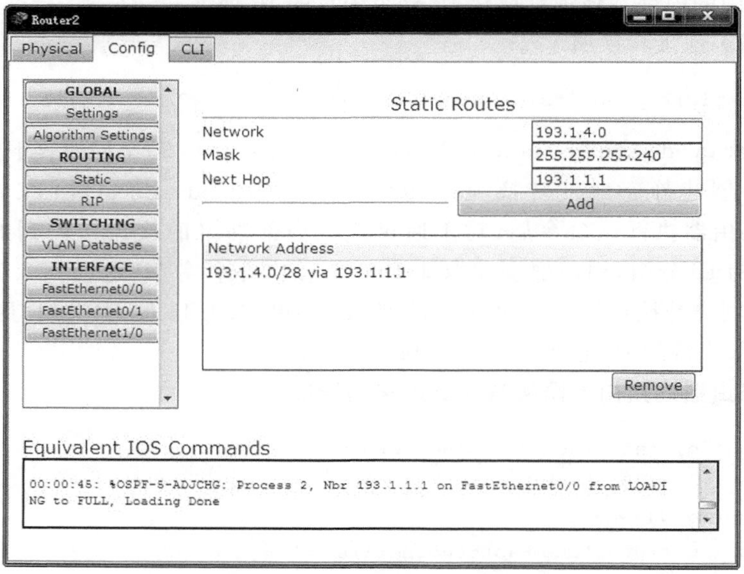

图 3.15　图形接口配置静态路由项界面

图 3.16　路由器 Router2 完整路由表

图 3.17　路由器 Router3 完整路由表

（3）通过 Ping 操作完成由内部网络终端发起的与外部网络终端之间的通信过程后,Router1 创建图 3.18 所示的地址转换表。其中 Inside Local 是内部网络终端在内部网络中使用的配置信息(私有 IP 地址和 ICMP 报文标识符),Inside Global 是内部网络终端在外部网络中使用的配置信息(全球 IP 地址和 ICMP 报文标识符)。Outside Local 是外部网络终端在内部网络中使用的配置信息,Outside Global 是外部网络终端在外部网络中使用的配置信息。由于外部网络终端无论在内部网络,还是外部网络都使用相同的全球 IP 地址,因此 Outside Local 和 Outside Global 是相同的。值得强调的是,动态 NAT 用不同的全球 IP 地址标识内部网络中不同的终端,因此地址转换表中的地址转换项主要建立内部网络终端的私有地址与全球 IP 地址池中某个全球 IP 地址之间的关联,对 IP 分组封装的 ICMP 报文不作修改。

NAT Table for Router1

Protocol	Inside Global	Inside Local	Outside Local	Outside Global
icmp	193.1.4.2:9	192.168.1.1:9	193.1.2.5:9	193.1.2.5:9

图 3.18　路由器 Router1 地址转换表一

(4) 进入模拟操作模式，截获 PC0 发送给 Web1 的 IP 分组，PC0 至 Router1 这一段路径的 IP 分组格式如图 3.19 所示，源 IP 地址是 PC0 的私有 IP 地址 192.168.1.1。Router1 至 Server2 这一段路径的 IP 分组格式如图 3.20 所示，源 IP 地址是从全球 IP 地址池中选择的全球 IP 地址 193.1.4.2。截获 Web1 发送给 PC0 的 IP 分组，Web1 至 Router1 这一段路径的 IP 分组格式如图 3.21 所示，目的 IP 地址是与 PC0 私有 IP 地址 192.168.1.1 建立映射的全球 IP 地址 193.1.4.2。路由器 Router2 通过配置的静态路由项将该 IP 分组转发给路由器 Router1。Router1 至 PC0 这一段路径的 IP 分组格式如图 3.22 所示，目的 IP 地址是 PC0 的私有 IP 地址 192.168.1.1。

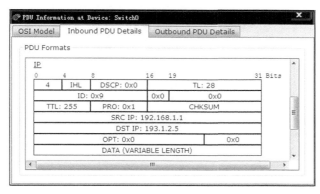

图 3.19　PC0→Web1 IP 分组 PC0 至 Router1 这一段格式

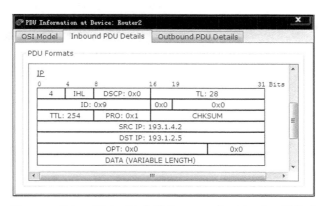

图 3.20　PC0→Web1 IP 分组 Router1 至 Web1 这一段格式

(5) 在配置静态地址转换项<193.1.4.14，192.168.2.3>前，外部网络终端无法发起对内部网络的访问过程，因此外部网络终端无法对内部网络进行 Ping 操作。配置静态地址转换项<193.1.4.14，192.168.2.3>后，由于已经建立了内部网络终端全球 IP 地址

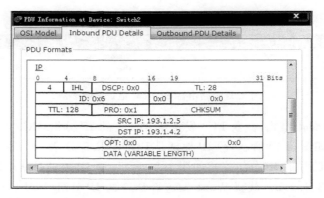

图 3.21　Web1→PC0 IP 分组 Web1 至 Router1 这一段格式

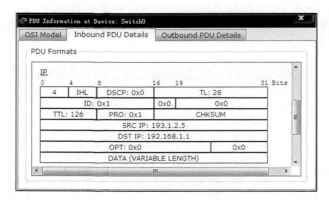

图 3.22　Web1→PC0 IP 分组 Router1 至 PC0 这一段格式

(193.1.4.14)和私有 IP 地址(192.168.2.3)之间的映射,外部网络终端可以通过全球 IP 地址 193.1.4.14 访问内部网络中私有 IP 地址为 192.168.2.3 的 Web 服务器 Web0。图 3.23 是 PC2 浏览器访问 Web0 界面,图 3.24 是 PC2 访问 Web0 后路由器 Router1 的地址转换表内容。

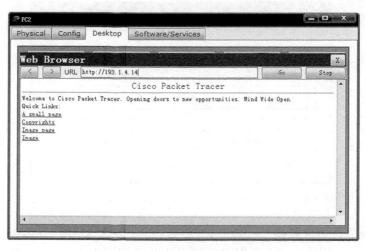

图 3.23　PC2 浏览器访问 Web0 界面

NAT Table for Router1

Protocol	Inside Global	Inside Local	Outside Local	Outside Global
---	193.1.4.14	192.168.2.3	---	---
tcp	193.1.4.14:80	192.168.2.3:80	193.1.5.1:1025	193.1.5.1:1025

图 3.24　路由器 Router1 地址转换表二

3.2.5　命令行配置过程

1. 路由器 Router1 命令行配置过程

下面只给出与 NAT 有关的命令行配置过程。

```
Router1(config)#access-list 1 permit 192.168.1.0 0.0.0.255
Router1(config)#ip nat pool a1 193.1.4.1 193.1.4.13 netmask 255.255.255.240
Router1(config)#ip nat inside source list 1 pool a1
Router1(config)#interface FastEthernet0/0
Router1(config-if)#ip nat inside
Router1(config-if)#exit
Router1(config)#interface FastEthernet1/0
Router1(config-if)#ip nat outside
Router1(config-if)#exit
Router1(config)#ip nat inside source static 192.168.2.3 193.1.4.14
Router1(config)#interface FastEthernet0/1
Router1(config-if)#ip nat inside
Router1(config-if)#exit
```

2. Router2 命令行配置过程

下面只给出与配置静态路由项有关的命令行配置过程。

```
Router2(config)#ip route 193.1.4.0 255.255.255.240 193.1.1.1
```

3. Router3 命令行配置过程

下面只给出与配置静态路由项有关的命令行配置过程。

```
Router3(config)#ip route 193.1.4.0 255.255.255.240 193.1.3.1
```

4. 命令列表

路由器命令行配置过程中使用的命令及功能说明如表 3.8 所示。

表 3.8　命令列表

命令格式	功能和参数说明
access-list *access-list-number* permit *source* [*source-wildcard*]	指定允许进行地址转换的私有 IP 地址范围，参数 *access-list-number* 是访问控制列表编号，取值范围为 1～99。参数 *source* 和 *source-wildcard* 用于指定 CIDR 地址块。参数 *source-wildcard* 使用子网掩码反码的形式
ip nat pool *name* *start-ip* *end-ip* netmask *netmask*	定义全球 IP 地址池，参数 *name* 是全球 IP 地址池名，参数 *start-ip* 是起始地址，参数 *end-ip* 是结束地址，参数 *netmask* 是定义的一组全球 IP 地址的子网掩码

命 令 格 式	功能和参数说明
ip nat inside source list *access-list-number* pool *name*	用于将允许进行地址转换的私有 IP 地址范围与某个全球 IP 地址池绑定在一起。参数 *access-list-number* 是用于指定允许进行地址转换的私有 IP 地址范围的访问控制列表的编号,参数 *name* 是已经定义的全球 IP 地址池的名字
ip nat inside source static *local-ip* *global-ip*	创建用于指明私有 IP 地址与全球 IP 地址之间关联的静态地址转换项,参数 *local-ip* 用于指定私有 IP 地址,参数 *global-ip* 用于指定全球 IP 地址
ip nat inside	指定连接内部网络的路由器接口
ip nat outside	指定连接外部网络的路由器接口
ip route *prefix mask* {*ip-address* | *interface-type interface-number* } [*distance*]	用于配置静态路由项。参数 *prefix* 是目的网络的网络地址。参数 *mask* 是目的网络的子网掩码。参数 *ip-address* 是下一跳 IP 地址。参数 *interface-type interface-number* 是输出接口,下一跳 IP 地址和输出接口只需一项,除了点对点网络外,一般需要配置下一跳 IP 地址。参数 *distance* 是可选项,用于指定静态路由项距离

3.3 分组过滤器配置实验

3.3.1 实验目的

一是掌握无状态分组过滤器与有状态分组过滤器之间的区别。二是掌握有状态分组过滤器的配置过程。三是掌握有状态分组过滤器基于服务的信息交换控制过程。四是掌握有状态分组过滤器控制 IP 分组双向传输过程的原理。五是掌握将分组过滤器作用到 IP 接口的过程。

3.3.2 实验原理

基于安全理由,必须对企业网内部网络、DMZ 和外部网络之间的信息交换过程实施控制。为了实现精致控制,通过采用有状态分组过滤器实现基于服务的信息交换控制过程。

1. 制定访问控制策略

企业网要求实现以下访问控制策略:

(1) 允许内部终端发起访问外部网络中的 Web 服务器(Web2);

(2) 允许内部终端发起访问 DMZ 中的 Web 服务器(Web1);

(3) 允许内部终端通过 SMTP 和 POP3 发起访问 DMZ 中的邮件服务器(E-Mail0);

(4) 允许 DMZ 中的邮件服务器通过 SMTP 发起访问外部网络中的邮件服务器(E-Mail1);

(5) 允许外部网络中的终端以只读方式发起访问 DMZ 中的 Web 服务器(Web1);

(6) 允许外部网络中的邮件服务器通过 SMTP 发起访问 DMZ 中的邮件服务器(E-Mail0)。

2. 配置有状态分组过滤器

路由器 Router2 配置如下有状态分组过滤器：

（1）从内部网络到外部网络：源 IP 地址＝193.1.4.0/28，目的 IP 地址＝193.1.5.3/32，HTTP GET 服务；

（2）从内部网络到非军事区：源 IP 地址＝193.1.4.0/28，目的 IP 地址＝193.1.2.5/32，HTTP 服务；

（3）从内部网络到非军事区：源 IP 地址＝193.1.4.0/28，目的 IP 地址＝193.1.2.6/32，SMTP＋POP3 服务；

（4）从非军事区到外部网络：源 IP 地址＝193.1.2.6/32，目的 IP 地址＝193.1.5.7/32，SMTP 服务；

（5）从外部网络到非军事区：源 IP 地址＝193.1.5.0/24，目的 IP 地址＝193.1.2.5/32，HTTP GET 服务；

（6）从外部网络到非军事区：源 IP 地址＝193.1.5.7/32，目的 IP 地址＝193.1.2.6/32，SMTP 服务。

3. Cisco 有状态分组过滤器实现原理

实现有状态分组过滤器规则①的思路如下，一是 Router2 接口 2 输入方向过滤规则和接口 3 输出方向过滤规则允许与由内部网络终端发起访问 Web2 的操作有关的 TCP 报文从 Router2 接口 2 输入，从 Router2 接口 3 输出。二是在初始状态下，Web2 至内部网络传输方向上的过滤规则拒绝一切 IP 分组传输。三是只有当内部网络至 Web2 传输方向上传输了与内部网络终端发起访问 Web2 的操作有关的 TCP 报文后，Web2 至内部网络传输方向才允许传输作为对应响应消息的 TCP 报文。

3.3.3　关键命令说明

1. 定义分组过滤器

```
Router(config)#access-list 101 permit tcp 193.1.4.0 0.0.0.15 host 193.1.5.3 eq www
Router(config)#access-list 101 permit tcp 193.1.4.0 0.0.0.15 host 193.1.2.5 eq www
Router(config)#access-list 101 permit tcp 193.1.4.0 0.0.0.15 host 193.1.2.6 eq pop3
Router(config)#access-list 101 permit tcp 193.1.4.0 0.0.0.15 host 193.1.2.6 eq smtp
Router(config)#access-list 101 permit ospf host 193.1.1.1 any
Router(config)#access-list 101 deny ip any any
Router(config)#access-list 102 permit ospf host 193.1.1.2 any
Router(config)#access-list 102 deny ip any any
```

命令 access-list 101 permit tcp 193.1.4.0 0.0.0.15 host 193.1.5.3 eq www 是全局模式下使用的命令，该命令的作用是在编号为 101 的分组过滤器中添加一条过滤规则，该过滤规则允许源 IP 地址属于 CIDR 地址块 193.1.4.0/28、目的 IP 地址为 193.1.5.3，且目的端口号是 WWW 对应的著名端口号(80)的 TCP 报文继续转发。由于内部网络终端发送给外部网络的 IP 分组的源 IP 地址经过 NAT 后，成为全球 IP 地址池 193.1.4.0/28 中的某个全球 IP 地址，因此该过滤规则是允许内部网络终端发送的通过 HTTP 访问外部网络中 Web2 的 TCP 报文继续传输。同样，命令 access-list 101 permit tcp 193.1.4.0 0.0.0.15 host

193.1.2.6 eq pop3 的作用是添加允许源 IP 地址属于 CIDR 地址块 193.1.4.0/28、目的 IP 地址为 193.1.2.6,且目的端口号是 POP3 对应的著名端口号(110)的 TCP 报文继续转发。编号为 101 的前 4 条过滤规则允许以下 TCP 报文传输过程:内部网络终端至外部网络中的 Web2、内部网络终端至 DMZ 中的 Web1、内部网络终端至 DMZ 中的 E-mail0,且对于 Web 服务器,只能传输 HTTP 报文,对于 E-mail 服务器,只能传输 POP3 和 SMTP 报文。

命令 access-list 101 permit ospf host 193.1.1.1 any 的作用是允许继续转发源 IP 地址为 193.1.1.1 的 OSPF 报文,193.1.1.1 是发送 OSPF 报文的路由器接口地址。

以上命令定义了两个编号分别是 101 和 102 的分组过滤器,编号为 102 的分组过滤器只允许继续转发源 IP 地址为 193.1.1.2 的 OSPF 报文,丢弃其他一切 IP 分组。

由于各个路由器之间通过 OSPF 路由协议创建动态路由项,编号为 101 和 102 的分组过滤器中需要增加允许 OSPF 报文继续传输的过滤规则。否则,各个路由器无法通过 OSPF 创建用于指明通往没有与其直接连接的网络的传输路径的动态路由项。

如果只是将编号为 101 的分组过滤器作用于路由器 Router2 接口 FastEthernet0/0(连接 Router1 的接口)的输入方向,将编号为 102 的分组过滤器作用于路由器 Router2 接口 FastEthernet0/0 的输出方向,并不能实现允许内部网络终端通过 HTTP 访问 Web1 和 Web2,通过 POP3 和 SMTP 访问 E-mail0 的访问控制策略,因为这些服务器传输给内部网络终端的响应报文无法经过路由器 Router2 接口 FastEthernet0/0 输出。

有状态分组过滤器的实现思路如下:

(1) 内部网络至服务器传输方向允许继续传输通过 HTTP 访问 Web1 和 Web2、通过 POP3 和 SMTP 访问 E-mail0 的 TCP 报文。

(2) 初始状态下,服务器至内部网络终端传输方向禁止传输 TCP 报文。

(3) 只有当内部网络终端至服务器传输方向传输了与内部网络终端通过 HTTP 访问 Web1 和 Web2、通过 POP3 和 SMTP 访问 E-mail0 有关的 TCP 报文后,服务器至内部网络终端传输方向才允许传输作为对应响应消息的 TCP 报文。

显然,编号为 101 的分组过滤器实现了有状态分组过滤器(1)要求的功能。编号为 102 的分组过滤器实现了有状态分组过滤器(2)要求的功能。接下来需要讨论如何实现有状态分组过滤器(3)要求的功能。

2. 定义检测机制

```
Router(config)#ip inspect name in1 http
Router(config)#ip inspect name in1 tcp
```

命令 ip inspect name in1 http 是全局模式下使用的命令,in1 是检测机制名,http 是需要检测的应用层协议,该检测机制表示如果在指定方向检测到属于 http,且该方向作用的分组过滤器允许正常转发的 TCP 报文,在相反方向动态增加允许该 TCP 报文对应的响应报文正常转发的过滤规则。

命令 ip inspect name in1 tcp 是在名为 in1 的检测机制中增加 TCP 为需要检测的协议。事实上,是需要在同一名字的检测机制中增加 HTTP、SMTP 和 POP3 为需要检测的应用层协议,只是 Packet Tracer 5.3 不支持 SMTP 和 POP3,因此只能增加 TCP 为需要检测的协议。一旦增加 TCP 为需要检测的协议,所有基于 TCP 的应用层协议报文都是该检测机制需要检测的报文,包括 HTTP、SMTP 和 POP3。

3. 作用接口

```
Router(config)#interface FastEthernet0/0
Router(config-if)#ip access-group 101 in
Router(config-if)#ip access-group 102 out
Router(config-if)#ip inspect in1 in
Router(config-if)#exit
```

命令 ip access-group 101 in 是接口配置模式下使用的命令,该命令的作用是将编号为101 的分组过滤器作用于特定接口(这里是 FastEthernet0/0)的输入方向上。

命令 ip inspect in1 in 是接口配置模式下使用的命令,该命令的作用是将名为 in1 的检测机制作用于特定接口(这里是 FastEthernet0/0)的输入方向上。in1 是检测机制名字,in指定接口输入方向,即只在输入方向检测相关 TCP 报文。

如果在将上述分组过滤器和检测机制作用于路由器接口 FastEthernet0/0 不同方向上,可以实现以下功能:

(1) 输入方向允许继续传输内部网络终端通过 HTTP 访问 Web1 和 Web2、通过 POP3和 SMTP 访问 E-mail0 的 TCP 报文。

(2) 输出方向禁止除 OSPF 报文外的任何其他 IP 分组输出。

(3) 如果在输入方向上检测到内部网络终端通过 HTTP 访问 Web1 和 Web2、通过POP3 和 SMTP 访问 E-mail0 的 TCP 报文,在输出方向上动态增加允许这些 TCP 报文对应的响应报文正常转发的过滤规则。

总之,上述分组过滤器和检测机制合成的有状态分组过滤器只允许由内部终端发起的,通过 HTTP 访问 Web1 和 Web2,通过 POP3 和 SMTP 访问 E-mail0 的访问过程正常进行。除了输出 OSPF 报文外,禁止输出任何其他 IP 分组。

3.3.4　实验步骤

(1) 由 Router2 实施访问控制策略,对于访问控制策略允许的访问过程,分组过滤器允许与访问过程相关的 TCP 报文沿着发起访问的传输方向继续传输,但在同方向配置检测该访问过程相关的应用层协议的检测机制。相反方向通过配置分组过滤器拒绝任何 TCP 报文传输。Router2 只能通过命令行接口配置方式完成有状态分组过滤器的配置过程。

(2) 验证实现访问控制策略的有状态分组过滤器配置,图 3.25 是 PC0 成功访问 Web1的界面,图 3.26 是 PC2 成功访问 Web1 的界面。可以通过 PC0 成功访问 Web1 和 Web2与 PC2 成功访问 Web1 验证允许属于网络 192.168.1.0/24 的内部网络终端访问 Web1 和Web2,允许属于网络 193.1.5.0/24 的外部网络终端访问 Web1 的访问控制策略。

(3) PC0 通过在 E-mail0 上注册的用户向在 E-mail1 上注册的用户发送邮件,同时接收在 E-mail1 上注册的用户发送的邮件。PC2 通过在 E-mail1 上注册的用户向在 E-mail0 上注册的用户发送邮件,同时接收在 E-mail0 上注册的用户发送的邮件,以此验证允许属于网络 192.168.1.0/24 的内部网络终端通过 SMTP 和 POP3 访问 E-mail0,允许 E-mail0 和E-mail1 通过 SMTP 实现互访的访问控制策略。

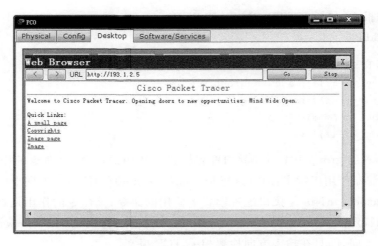

图 3.25 PC0 用浏览器访问 Web1 界面

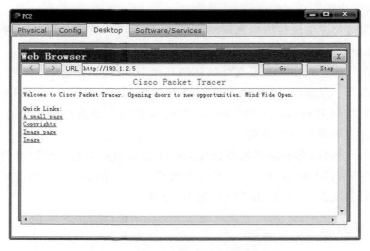

图 3.26 PC2 用浏览器访问 Web1 界面

（4）通过相互之间的 Ping 操作验证无法进行除访问控制策略允许外的任何其他 IP 分组传输过程。

3.3.5 命令行配置过程

1. Router2 命令行配置过程

以下只是 Router2 与实现有状态分组过滤器相关的命令行配置过程，接口 FastEthernet0/0 是实现与 Router1 互连的接口，接口 FastEthernet1/0 是连接网络 193.1. 2.0/24 的接口，接口 FastEthernet0/1 是实现与 Router3 互连的接口。

```
Router2(config)#access-list 101 permit tcp 193.1.4.0 0.0.0.15 host 193.1.5.3 eq www
Router2(config)#access-list 101 permit tcp 193.1.4.0 0.0.0.15 host 193.1.2.5 eq www
Router2(config)#access-list 101 permit tcp 193.1.4.0 0.0.0.15 host 193.1.2.6
eq pop3
```

```
Router2(config)#access-list 101 permit tcp 193.1.4.0 0.0.0.15 host 193.1.2.6
eq smtp
Router2(config)#access-list 101 permit ospf host 193.1.1.1 any
Router2(config)#access-list 101 deny ip any any
Router2(config)#access-list 102 permit ospf host 193.1.1.2 any
Router2(config)#access-list 102 deny ip any any
Router2(config)#access-list 103 permit tcp 193.1.4.0 0.0.0.15 host 193.1.2.5 eq www
Router2(config)#access-list 103 permit tcp 193.1.5.0 0.0.0.255 host 193.1.2.5
eq www
Router2(config)#access-list 103 permit tcp 193.1.4.0 0.0.0.15 host 193.1.2.6
eq pop3
Router2(config)#access-list 103 permit tcp 193.1.4.0 0.0.0.15 host 193.1.2.6
eq smtp
Router2(config)#access-list 103 permit tcp host 193.1.5.7 host 193.1.2.6 eq smtp
Router2(config)#access-list 103 deny ip any any
Router2(config)#access-list 104 permit tcp host 193.1.2.6 host 193.1.5.7 eq smtp
Router2(config)#access-list 104 deny ip any any
Router2(config)#access-list 105 permit tcp 193.1.4.0 0.0.0.15 host 193.1.5.3 eq www
Router2(config)#access-list 105 permit tcp host 193.1.2.6 host 193.1.5.7 eq smtp
Router2(config)#access-list 105 permit ospf host 193.1.3.1 any
Router2(config)#access-list 105 deny ip any any
Router2(config)#access-list 106 permit tcp host 193.1.5.7 host 193.1.2.6 eq smtp
Router2(config)#access-list 106 permit tcp 193.1.5.0 0.0.0.255 host 193.1.2.5
eq www
Router2(config)#access-list 106 permit ospf host 193.1.3.2 any
Router2(config)#access-list 106 deny ip any any
Router2(config)#ip inspect name in1 http
Router2(config)#ip inspect name in1 tcp
Router2(config)#ip inspect name in2 tcp
Router2(config)#interface FastEthernet0/0
Router2(config-if)#ip access-group 101 in
Router2(config-if)#ip access-group 102 out
Router2(config-if)#ip inspect in1 in
Router2(config-if)#exit
Router2(config)#interface FastEthernet1/0
Router2(config-if)#ip access-group 103 out
Router2(config-if)#ip access-group 104 in
Router2(config-if)#ip inspect in1 out
Router2(config-if)#ip inspect in2 in
Router2(config-if)#exit
Router2(config)#interface FastEthernet0/1
Router2(config-if)#ip access-group 105 out
Router2(config-if)#ip access-group 106 in
Router2(config-if)#ip inspect in1 out
Router2(config-if)#ip inspect in1 in
```

```
Router2(config-if)#exit
```

2. 命令列表

路由器命令行配置过程中使用的命令及功能说明如表 3.9 所示。

表 3.9　命令列表

命 令 格 式	功能和参数说明
access-list *access-list-number*{deny ｜ permit} tcp *source source-wildcard*[*operator* [*port*]] *destination destination-wildcard* [*operator* [*port*]][established]	配置扩展分组过滤器,参数 *access-list-number* 是访问控制列表编号,取值范围为 100～199。参数 *source* 和 *source-wildcard* 用于指定匹配源 IP 地址的 CIDR 地址块,*destination* 和 *destination-wildcard* 用于指定匹配目的 IP 地址的 CIDR 地址块。参数 *source-wildcard* 和 *destination-wildcard* 使用子网掩码反码的形式。除此之外,在 IP 分组净荷是 TCP 和 UDP 报文的情况下,允许指定源端口和目的端口号范围。继续转发(Permit)或丢弃(Deny)源 IP 地址属于由参数 *source* 和 *source-wildcard* 指定的 CIDR 地址块、目的 IP 地址属于由参数 *destination* 和 *destination-wildcard* 指定的 CIDR 地址块且封装的 UDP 或 TCP 报文的源端口号和目的端口号属于指定范围的 IP 分组。参数 *port* 是端口号。参数 *operator* 的可选择项有 lt(小于)、gt(大于)、eq(等于)、neq(不等于)和 range(范围)。指定可选项 established,ACK＝1 的 TCP 报文才被继续转发或丢弃
ip inspect name *inspection-name protocol*	用于定义检测机制,同一检测机制可以检测多种协议。参数 *inspection-name* 指定检测机制名,参数 *protocol* 用于指定需要检测的协议
ip inspect *inspection-name* {in ｜ out}	用于将由参数 *inspection-name* 指定的检测机制作用到特定路由器接口上,in 表示将检测机制作用到接口输入方向,out 表示将检测机制作用到接口输出方向

3.4　两个内部网络互连实验

3.4.1　实验目的

一是掌握内部网络设计过程和私有 IP 地址使用方法。二是验证 NAT 工作过程。三是掌握路由器 NAT 配置过程。四是验证私有 IP 地址与全球 IP 地址之间的转换过程。五是验证 IP 分组格式转换过程。六是验证两个分配相同私有 IP 地址空间的内部网络之间的通信过程。

3.4.2　实验原理

分配给某个内部网络的私有 IP 地址空间对另一个内部网络中的终端是透明的,因此任何一个内部网络中的终端必须用全球 IP 地址访问其他内部网络中的终端,这一方面使得每一个内部网络分配的私有 IP 地址只有本地意义,不同内部网络可以分配相同的私有 IP 地址空间。另一方面,在建立内部网络私有 IP 地址与全球 IP 地址之间映射前,其他内部网络中的终端无法访问该内部网络中的终端。虽然不同内部网络可以分配相同的私有 IP 地址空间,但与这些私有 IP 地址建立映射的全球 IP 地址必须是全球唯一的。如图 3.27 所示,虽然内部网络 1 和内部网络 2 分配了相同的私有 IP 地址空间 192.168.1.0/24,但分配给这两个内部网络的全球 IP 地址池必须是不同的,如分配给内部网络 1 的全球 IP 地址池是 192.1.1.0/28,分配给内部网络 2 的全球 IP 地址池是 192.1.2.0/28。这样,其他网络可以用唯一的全球 IP 地址标识某个内部网络中的终端。如内部网络 1 中某个终端用属于全球 IP 地址池 1 的全球 IP 地址访问其他网络,其他网络中的终端用该全球 IP 地址唯一标识该内部网络 1 中的终端。

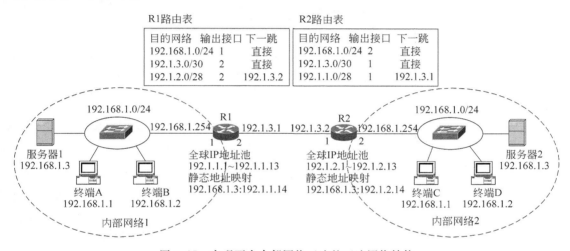

图 3.27　实现两个内部网络互连的互连网络结构

同样,如果需要实现由其他网络中的终端发起访问内部网络 1 中服务器 1 的过程,必须建立服务器 1 的私有 IP 地址 192.168.1.3 与某个全球 IP 地址(这里是 192.1.1.14)之间映射,其他网络中的终端用该全球 IP 地址访问服务器 1。根据图 3.27 配置,内部网络 1 中终端可以用全球 IP 地址 192.1.2.14 访问内部网络 2 中的服务器 2,内部网络 2 中的终端可以用全球 IP 地址 192.1.1.14 访问内部网络 1 中的服务器 1。

图 3.27 所示的内部网络 1 中的终端 A 访问内部网络 2 中的服务器 2 时发送的 IP 分组以终端 A 的私有 IP 地址 192.168.1.1 为源 IP 地址,以与服务器 2 的私有地址 192.168.1.3 建立映射的全球 IP 地址 192.1.2.14 为目的 IP 地址。该 IP 分组通过路由器 R1 连接公共网络的接口输出时,源 IP 地址转换为属于分配给路由器 R1 的全球 IP 地址池中的某个全球 IP 地址,路由器 R1 动态建立私有地址 192.168.1.1 与该全球 IP 地址之间的映射。当路由器 R2 通过连接内部网络 2 的接口输出该 IP 分组时,该 IP 分组的目的 IP 地址转换为服务器 2 的私有 IP 地址 192.168.1.3。

3.4.3　实验步骤

(1) 启动 Packet Tracer,在逻辑工作区按照图 3.27 所示的互连网络结构放置和连接设备,完成设备放置和连接后的逻辑工作区界面如图 3.28 所示。

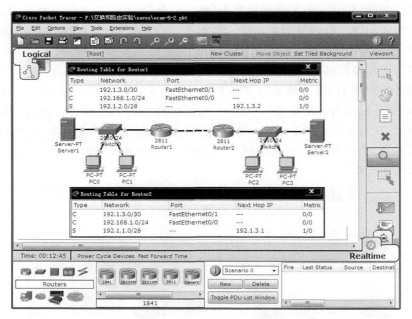

图 3.28　放置和连接设备后的逻辑工作区界面及路由表

（2）根据图 3.27 所示的路由器接口配置信息为各个路由器接口配置 IP 地址和子网掩码。在 Router1 中配置目的网络地址为 192.1.2.0/28，下一跳地址为 192.1.3.2 的静态路由项；在 Router2 中配置目的网络地址为 192.1.1.0/28，下一跳地址为 192.1.3.1 的静态路由项。完成上述配置过程后，Router1 和 Router2 的路由表如图 3.28 所示。

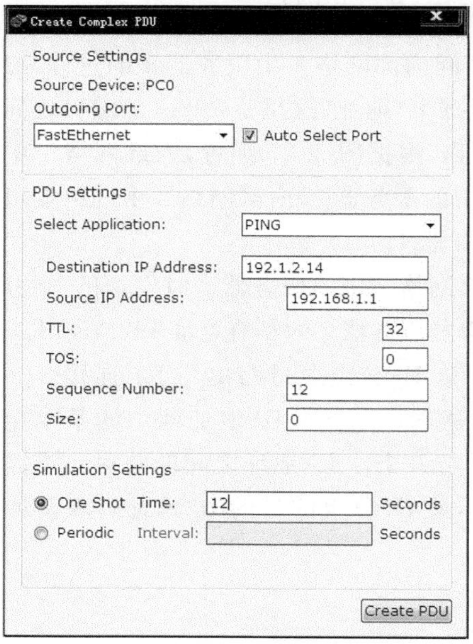

（3）完成路由器 Router1 和 Router2 有关 NAT 的配置过程。一是指定允许进行 NAT 操作的私有 IP 地址范围，二是定义全球 IP 地址池，三是建立允许进行 NAT 操作的私有 IP 地址范围与全球 IP 地址池之间的关联，四是配置允许其他网络中的终端发起访问内部网络服务器的静态地址转换项，五是指定连接内部网络和公共网络的路由器接口。

（4）根据图 3.27 所示的终端配置信息完成各个终端 IP 地址、子网掩码和默认网关地址配置。由于两个内部网络分配了相同的私有 IP 地址空间，通过简单报文工具进行的内部网络 1 中终端与内部网络 2 中终端之间的 Ping 操作实际上是内部网络内两个终端之间进行的 Ping 操作，不能证明已经成功完成内部网络 1 中终端与内部网络 2 中终端之间的通信过程。为了验证内部网络 1 中 PC0 与内部网络 2 中 Server2 之间的通信过程，需要通过复杂报文工具创建图 3.29 所示的封装

图 3.29　复杂报文工具创建的封装 ICMP 报文的 IP 分组

ICMP 报文的 IP 分组。

(5) 通过复杂报文工具创建用于完成内部网络 1 中终端 PC0 和 PC1 与内部网络 2 中 Server2 之间 Ping 操作的 IP 分组,在完成内部网络 1 中终端 PC0 和 PC1 与内部网络 2 中 Server2 之间的通信过程后,Router1 创建图 3.30 所示的地址转换表。对于由 PC0 与 Server2 之间 Ping 操作创建的地址转换项,Inside Local 是 PC0 的私有 IP 地址 192.168.1.1 和 ICMP 报文的标识符 6,Inside Global 是与私有 IP 地址 192.168.1.1 建立映射的全球 IP 地址 192.1.1.4 和 ICMP 报文的标识符 6,全球 IP 地址 192.1.1.4 是从 Router1 全球 IP 地址 池中选择的某个未使用的全球 IP 地址。Outside Local 和 Outside Global 都是与 Server2 的私有地址 192.168.1.3 建立映射的全球 IP 地址 192.1.2.14 和 ICMP 报文的标识符 6。 Router2 创建图 3.31 所示的地址转换表。对于由 PC0 与 Server2 之间 Ping 操作创建的地址转换项,Inside Local 是 Server2 的私有 IP 地址 192.168.1.3 和 ICMP 报文的标识符 6, Inside Global 是与私有 IP 地址 192.168.1.3 建立映射的全球 IP 地址 192.1.2.14 和 ICMP 报文的标识符 6。Outside Local 和 Outside Global 都是与 PC0 的私有 IP 地址 192.168.1.1 建立映射的全球 IP 地址 192.1.1.4 和 ICMP 报文的标识符 6。

Protocol	Inside Global	Inside Local	Outside Local	Outside Global
---	192.1.1.14	192.168.1.3	---	---
icmp	192.1.1.4:6	192.168.1.1:6	192.1.2.14:6	192.1.2.14:6
icmp	192.1.1.5:4	192.168.1.2:4	192.1.2.14:4	192.1.2.14:4

图 3.30 完成两个内部网络之间 Ping 操作后的 Router1 地址转换表

Protocol	Inside Global	Inside Local	Outside Local	Outside Global
---	192.1.2.14	192.168.1.3	---	---
icmp	192.1.2.14:4	192.168.1.3:4	192.1.1.5:4	192.1.1.5:4
icmp	192.1.2.14:6	192.168.1.3:6	192.1.1.4:6	192.1.1.4:6

图 3.31 完成两个内部网络之间 Ping 操作后的 Router2 地址转换表

(6) 内部网络终端可以通过浏览器访问另一个内部网络中的服务器,但必须使用与该内部网络中的服务器的私有 IP 地址建立映射的全球 IP 地址,内部网络 1 中终端用全球 IP 地址 192.1.2.14 访问内部网络 2 中的 Server2。图 3.32 是 PC0 访问 Server2 的浏览器界面。同样,内部网络 2 中终端用全球 IP 地址 192.1.1.14 访问内部网络 1 中的 Server1。 图 3.33 是 PC2 访问 Server1 的浏览器界面。内部网络 1 中终端用浏览器访问内部网络 2 中的 Server2 和内部网络 2 中终端用浏览器访问内部网络 1 中的 Server1 后,Router1 创建图 3.34 所示的地址转换表,Router2 创建图 3.35 所示的地址转换表。

(7) 进入模拟操作模式,截获 PC0 发送给 Server2 的 IP 分组,PC0 至 Router1 这一段路径的 IP 分组格式如图 3.36 所示,源 IP 地址是 PC0 的私有 IP 地址 192.168.1.1,目的 IP 地址是与 Server2 的私有 IP 地址 192.168.1.3 建立映射的全球 IP 地址 192.1.2.14。 Router1 至 Router2 这一段路径的 IP 分组格式如图 3.37 所示,源 IP 地址是与 PC0 的私有 IP 地址 192.168.1.1 建立映射的全球 IP 地址 192.1.1.5,目的 IP 地址依然是与 Server2 的私有 IP 地址 192.168.1.3 建立映射的全球 IP 地址 192.1.2.14。Router2 至 Server2 这一段路径的 IP 分组格式如图 3.38 所示,源 IP 地址依然是与 PC0 的私有 IP 地址 192.168.1.1 建立映射的全球 IP 地址 192.1.1.5,目的 IP 地址是 Server2 的私有 IP 地址 192.168.1.3。

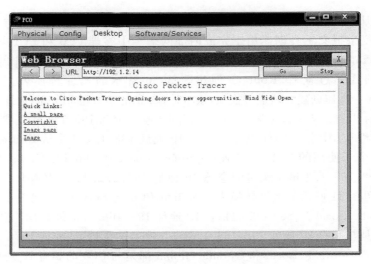

图 3.32　PC0 访问 Server2 的浏览器界面

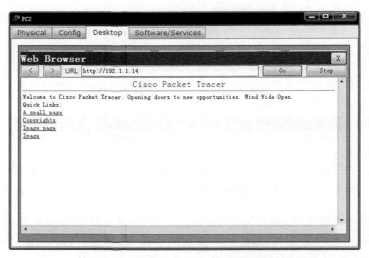

图 3.33　PC2 访问 Server1 的浏览器界面

Protocol	Inside Global	Inside Local	Outside Local	Outside Global
---	192.1.1.14	192.168.1.3	---	---
tcp	192.1.1.14:80	192.168.1.3:80	192.1.2.1:1026	192.1.2.1:1026
tcp	192.1.1.14:80	192.168.1.3:80	192.1.2.2:1025	192.1.2.2:1025
tcp	192.1.1.5:1027	192.168.1.1:1027	192.1.2.14:80	192.1.2.14:80
tcp	192.1.1.6:1025	192.168.1.2:1025	192.1.2.14:80	192.1.2.14:80

NAT Table for Router1

图 3.34　完成服务器访问后的 Router1 地址转换表

Protocol	Inside Global	Inside Local	Outside Local	Outside Global
---	192.1.2.14	192.168.1.3	---	---
tcp	192.1.2.1:1026	192.168.1.1:1026	192.1.1.14:80	192.1.1.14:80
tcp	192.1.2.14:80	192.168.1.3:80	192.1.1.5:1027	192.1.1.5:1027
tcp	192.1.2.14:80	192.168.1.3:80	192.1.1.6:1025	192.1.1.6:1025
tcp	192.1.2.2:1025	192.168.1.2:1025	192.1.1.14:80	192.1.1.14:80

NAT Table for Router2

图 3.35　完成服务器访问后的 Router2 地址转换表

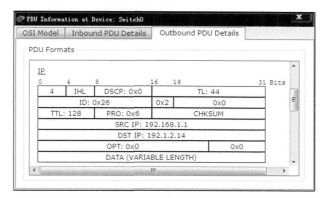

图 3.36 PC0→Server2 IP 分组 PC0 至 Router1 这一段路径的格式

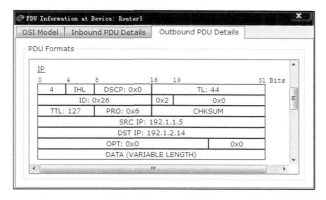

图 3.37 PC0→Server2 IP 分组 Router1 至 Router2 这一段路径的格式

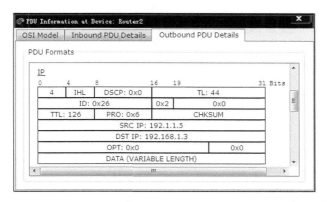

图 3.38 PC0→Server2 IP 分组 Router2 至 Server2 这一段路径的格式

3.4.4 命令行配置过程

1. Router1 命令行配置过程

```
Router>enable
Router#configure terminal
```

Router(config)#hostname Router1

Router1(config)#interface FastEthernet0/0

Router1(config-if)#no shutdown

Router1(config-if)#ip address 192.168.1.254 255.255.255.0

Router1(config-if)#exit

Router1(config)#interface FastEthernet0/1

Router1(config-if)#no shutdown

Router1(config-if)#ip address 192.1.3.1 255.255.255.252

Router1(config-if)#exit

Router1(config)#access-list 1 permit 192.168.1.0 0.0.0.255

Router1(config)#ip nat pool a1 192.1.1.1 192.1.1.13 netmask 255.255.255.240

Router1(config)#ip nat inside source list 1 pool a1

Router1(config)#ip nat inside source static 192.168.1.3 192.1.1.14

Router1(config)#interface FastEthernet0/0

Router1(config-if)#ip nat inside

Router1(config-if)#exit

Router1(config)#interface FastEthernet0/1

Router1(config-if)#ip nat outside

Router1(config-if)#exit

Router1(config)#ip route 192.1.2.0 255.255.255.240 192.1.3.2

2. Router2 命令行配置过程

Router>enable

Router#configure terminal

Router(config)#hostname Router2

Router2(config)#interface FastEthernet0/1

Router2(config-if)#no shutdown

Router2(config-if)#ip address 192.1.3.2 255.255.255.252

Router2(config-if)#exit

Router2(config)#interface FastEthernet0/0

Router2(config-if)#no shutdown

Router2(config-if)#ip address 192.168.1.254 255.255.255.0

Router2(config-if)#exit

Router2(config)#ip nat pool a2 192.1.2.1 192.1.2.13 netmask 255.255.255.240

Router2(config)#access-list 2 permit 192.168.1.0 0.0.0.255

Router2(config)#ip nat inside source list 2 pool a2

Router2(config)#ip nat inside source static 192.168.1.3 192.1.2.14

Router2(config)#interface FastEthernet0/0

Router2(config-if)#ip nat inside

Router2(config-if)#exit

Router2(config)#interface FastEthernet0/1

Router2(config-if)#ip nat outside

Router2(config-if)#exit

Router2(config)#ip route 192.1.1.0 255.255.255.240 192.1.3.1

第4章 ISP网络设计实验

ISP网络一是涉及多个自治系统互连,二是涉及广域网技术,因此实现ISP网络的关键有两个:一是通过广域网技术实现路由器远距离互连;二是通过内部网关协议和外部网关协议实现分层路由结构。

4.1 广域网互连路由器实验

4.1.1 实验目的

一是掌握路由器增加接口模块的过程。二是掌握路由器串行接口配置过程。三是掌握PPP建立点对点链路过程。四是掌握CHAP鉴别路由器身份过程。五是掌握路由器RIP配置过程。六是掌握RIP建立动态路由项过程。

4.1.2 实验原理

目前,类似SDH的广域网都提供点对点物理链路,因此广域网互连路由器结构通常是图4.1所示的串行链路互连路由器结构,路由器通过串行链路实现相互通信的关键是建立基于串行链路的PPP链路。

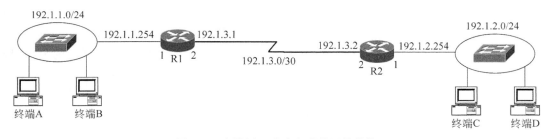

图4.1 广域网互连路由器的网络结构

1. 配置串行接口

串行接口除了需要配置IP地址和子网掩码外,还需配置串行接口帧封装格式PPP帧格式与路由器身份鉴别协议CHAP。完成上述配置后,路由器R1和R2通过互连它们的串行链路相互鉴别对方身份、建立PPP链路。成功建立PPP链路后,路由器之间可以相互传输PPP帧。路由器之间相互传输的IP分组封装成PPP帧后,经过互连它们的串行链路传输给对方。

2. 直连路由项

路由器接口配置的IP地址和子网掩码确定了该路由器接口所连接的网络的网络地址,并因此自动生成用于指明通往直接连接的网络的传输路径的直连路由项。按照图4.1所示路由器接口配置信息完成路由器R1和R2各个接口的IP地址和子网掩码配置后,路由器

R1 和 R2 自动生成表 4.1 和表 4.2 所示的直连路由项。两个路由器之间一旦成功建立 PPP
链路,路由器还给出用于指明通往 PPP 链路另一端的传输路径的直连路由项,如表 4.1 中目
的网络为 192.1.3.2/32 的直连路由项,192.1.3.2/32 是路由器 R2 串行接口的 IP 地址。

表 4.1　路由器 R1 直连路由项

目 的 网 络	输出接口	下一跳	距离
192.1.1.0/24	1	直接	0
192.1.3.0/30	2	直接	0
192.1.3.2/32	2	直接	0

表 4.2　路由器 R2 直连路由项

目 的 网 络	输出接口	下一跳	距离
192.1.2.0/24	1	直接	0
192.1.3.0/30	2	直接	0
192.1.3.1/32	2	直接	0

3. RIP 创建动态路由项

路由器为了转发目的网络不是与其直接连接的网络的 IP 分组,需要建立用于指明通往
这些没有与其直接连接的网络的传输路径的路由项,这些路由项往往通过路由协议创建。
为了通过路由协议 RIP 创建这些路由项,需要完成路由器的 RIP 配置,在每一个路由器中
指定用于参与 RIP 创建动态路由项过程的路由器接口和直接连接的网络。路由器 R1 和
R2 包含 RIP 创建的动态路由项的路由表如表 4.3 和表 4.4 所示。表 4.3 中网络地址为
192.1.2.0/24 的目的网络是连接在路由器 R2 上的网络,路由器 R1 通往该网络的传输路
径上的下一跳是路由器 R2 连接串行链路的接口,因此下一跳 IP 地址是该接口的 IP 地址
192.1.3.2。直连路由项的距离为 0,通往目的网络的传输路径每经过一跳路由器,距离增 1。

表 4.3　路由器 R1 路由表

目 的 网 络	输出接口	下一跳	距离
192.1.1.0/24	1	直接	0
192.1.3.0/30	2	直接	0
192.1.3.2/32	2	直接	0
192.1.2.0/24	2	192.1.3.2	1

表 4.4　路由器 R2 路由表

目 的 网 络	输出接口	下一跳	距离
192.1.2.0/24	1	直接	0
192.1.3.0/30	2	直接	0
192.1.3.1/32	2	直接	0
192.1.1.0/24	2	192.1.3.1	1

4.1.3　关键命令说明

1. 配置串行接口

```
Router(config)#interface Serial0/3/0
Router(config-if)#clock rate 4000000
Router(config-if)#no shutdown
Router(config-if)#ip address 192.1.3.1 255.255.255.252
Router(config-if)#encapsulation ppp
Router(config-if)#ppp authentication chap
Router(config-if)#exit
```

命令 clock rate 4000000 是接口配置模式下使用的命令,该命令的作用是将串行接口的传输速率指定为 4000000b/s。只有 DCE 设备可以通过该命令确定串行接口传输速率。

命令 encapsulation ppp 是接口配置模式下使用的命令,该命令的作用是将串行接口的帧封装格式指定为 PPP 帧。该命令同时确定了作用于串行接口的链路层协议为 PPP。

命令 ppp authentication chap 是接口配置模式下使用的命令,该命令的作用有两个:一是确定建立 PPP 链路时,需要鉴别对方路由器身份;二是确定用 CHAP 作为鉴别协议。

2. 配置鉴别信息

```
Router(config)#username Router2 password 1234
```

命令 username Router2 password 1234 是全局模式下使用的命令,该命令的作用是指定对方路由器的身份信息:用户名 Router2 和共享密钥 1234。对方路由器必须通过命令 hostname Router2 确定自己的用户名为 Router2。PPP 链路两端路由器须使用相同的共享密钥。

3. 配置 RIP

```
Router(config)#router rip
Router(config-router)#version 2
Router(config-router)#no auto-summary
Router(config-router)#network 192.1.1.0
Router(config-router)#network 192.1.3.0
Router(config-router)#exit
```

命令 router rip 是全局模式下使用的命令,该命令的作用是进入 RIP 配置模式,Router(config-router)♯是 RIP 配置模式下的命令提示符。在 RIP 配置模式下完成 RIP 相关参数的配置过程。

version 2 是 RIP 配置模式下使用的命令,该命令的作用是启动 RIPv2,Packet Tracer 支持 RIPv1 和 RIPv2,RIPv1 只支持分类编址,RIPv2 支持无分类编址。

命令 no auto-summary 是 RIP 配置模式下使用的命令,该命令的作用是取消路由项聚合功能。Packet Tracer RIP 允许通过划分某个分类地址对应的网络地址产生多个子网,并因此产生多项与子网对应的直连路由项。但通过 RIP 路由消息向外发送路由项时,可以将这些子网对应的多项路由项聚合为一项路由项,该路由项的目的网络地址为划分子网前的分类地址所对应的网络地址。RIPv1 由于只支持分类编址，必须启动路由项聚合功能。RIPv2 由于支持无分类编址，可以启动路由项聚合功能，也可以取消路由项聚合功能。no auto-summary 是取消路由项聚合功能的命令，auto-summary 是启动路由项聚合功能的命令。

命令 network 192.1.3.0 是 RIP 配置模式下使用的命令，紧随命令 network 的参数通常是分类网络地址，如果不是分类网络地址，能够自动转换成分类网络地址。192.1.3.0 是 C 类网络地址，其 IP 地址空间为 192.1.3.0～192.1.3.255。该命令的作用有两个：一是启动所有接口 IP 地址属于网络地址 192.1.3.0 的路由器接口的 RIP 功能，允许这些接口接收和发送 RIP 路由消息。二是如果网络 192.1.3.0 是该路由器直接连接的网络，其他路由器的路由表中会生成用于指明通往网络 192.1.3.0 的传输路径的动态路由项。

4.1.4　实验步骤

（1）路由器原始配置并不包含串行接口模块，因此需要为路由器安装串行接口模块。安装过程如图 4.2 所示，进入路由器物理配置界面，关闭路由器电源，选中模块（Modules）栏中的 WIC-1T 模块，将其拖放到路由器插槽，打开路由器电源。

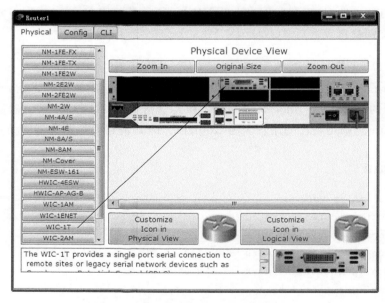

图 4.2　路由器安装串行接口模块过程

（2）按照图 4.1 所示的网络结构在逻辑工作区放置和连接网络设备，放置和连接网络设备后的逻辑工作区界面如图 4.3 所示。

（3）按照图 4.1 所示的路由器接口配置信息为各个路由器接口配置 IP 地址和子网掩码。完成接口 IP 地址和子网掩码配置后，各个路由器的路由表中自动生成直连路由项。图 4.4 和图 4.5 所示是路由器 Router1 和 Router2 的直连路由项。

（4）可以通过图形接口配置方式完成 RIP 配置过程，图 4.6 所示是 Router1 RIP 图形接口配置界面。用于指定路由器直接连接的，且参与 RIP 建立动态路由项过程的网络，但只能指定分类网络。如果输入的 IP 地址不是分类网络地址，能够自动转换为该 IP 地址对

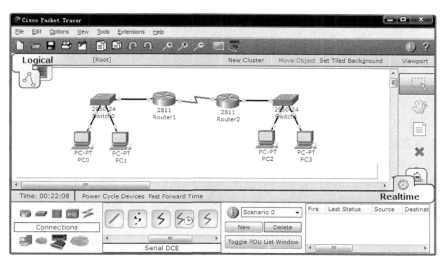

图 4.3　放置和连接网络设备后的逻辑工作区界面

Type	Network	Port	Next Hop IP	Metric
C	192.1.1.0/24	FastEthernet0/0	---	0/0
C	192.1.3.0/30	Serial0/3/0	---	0/0
C	192.1.3.2/32	Serial0/3/0	---	0/0

图 4.4　Router1 直连路由项

Type	Network	Port	Next Hop IP	Metric
C	192.1.2.0/24	FastEthernet0/0	---	0/0
C	192.1.3.0/30	Serial0/3/0	---	0/0
C	192.1.3.1/32	Serial0/3/0	---	0/0

图 4.5　Router2 直连路由项

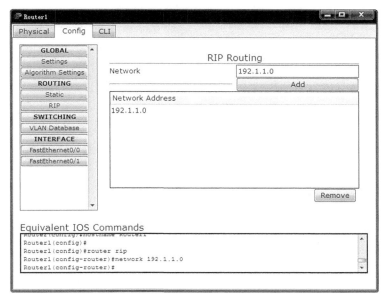

图 4.6　图形接口配置 RIP 界面

应的分类网络地址。需要强调的是,图形接口配置方式只能启动 RIPv1,RIPv1 只需通过输入分类网络地址指定路由器直接连接的,且参与 RIP 建立动态路由项过程的网络。

(5)完成路由器 Router1 和 Router2 RIP 相关信息配置后,路由器之间开始通过交换 RIP 路由消息创建用于指明通往没有与其直接连接的网络的传输路径的动态路由项。图 4.7 和图 4.8 所示是 Router1 和 Router2 包括动态路由项的完整路由表。路由表中类型(Type)字段值为 R 的路由项是 RIP 创建的动态路由项,距离(Metric)字段值 120/1 中的 120 是管理距离值,用于确定该路由项的优先级,管理距离值越小,对应路由项的优先级越高。如果存在多项类型不同、目的网络地址相同的路由项,使用优先级高的路由项。120/1 中的 1 是跳数,跳数等于该路由器到达目的网络需要经过的路由器数目(不含该路由器自身)。

Routing Table for Router1

Type	Network	Port	Next Hop IP	Metric
C	192.1.1.0/24	FastEthernet0/0	---	0/0
C	192.1.3.0/30	Serial0/3/0	---	0/0
C	192.1.3.2/32	Serial0/3/0	---	0/0
R	192.1.2.0/24	Serial0/3/0	192.1.3.2	120/1

图 4.7　Router1 完整路由表

Routing Table for Router2

Type	Network	Port	Next Hop IP	Metric
C	192.1.2.0/24	FastEthernet0/0	---	0/0
C	192.1.3.0/30	Serial0/3/0	---	0/0
C	192.1.3.1/32	Serial0/3/0	---	0/0
R	192.1.1.0/24	Serial0/3/0	192.1.3.1	120/1

图 4.8　Router2 完整路由表

(6)为 PC0 配置图 4.9 所示的网络信息,为 PC2 配置图 4.10 所示的网络信息,启动 PC0 与 PC2 之间的 Ping 操作。进入模拟操作模式,截获 PC0 发送给 PC2 的 IP 分组,该 IP 分组在 Router1 至 Router2 这一段路径上的封装格式如图 4.11 所示,链路层采用 PPP 帧格式。

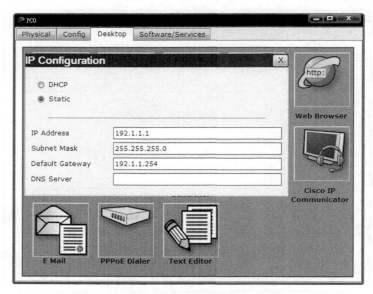

图 4.9　PC0 配置网络信息界面

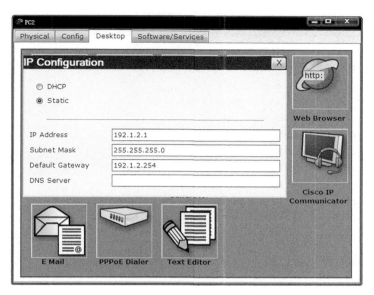

图 4.10　PC2 配置网络信息界面

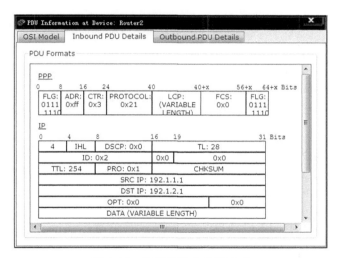

图 4.11　串行链路上的帧格式

4.1.5　命令行配置过程

1. Router1 命令行配置过程

```
Router>enable
Router#configure terminal
Router(config)#hostname Router1
Router1(config)#interface FastEthernet0/0
Router1(config-if)#no shutdown
Router1(config-if)#ip address 192.1.1.254 255.255.255.0
Router1(config-if)#exit
```

```
Router1(config)#interface Serial0/3/0
Router1(config-if)#clock rate 4000000
Router1(config-if)#no shutdown
Router1(config-if)#ip address 192.1.3.1 255.255.255.252
Router1(config-if)#encapsulation ppp
Router1(config-if)#ppp authentication chap
Router1(config-if)#exit
Router1(config)#username Router2 password 1234
Router1(config)#router rip
Router1(config-router)#version 2
Router1(config-router)#no auto-summary
Router1(config-router)#network 192.1.1.0
Router1(config-router)#network 192.1.3.0
Router1(config-router)#exit
```

2. Router2 命令行配置过程

```
Router>enable
Router#configure terminal
Router(config)#hostname Router2
Router2(config)#interface FastEthernet0/0
Router2(config-if)#no shutdown
Router2(config-if)#ip address 192.1.2.254 255.255.255.0
Router2(config-if)#exit
Router2(config)#interface Serial0/3/0
Router2(config-if)#no shutdown
Router2(config-if)#ip address 192.1.3.2 255.255.255.252
Router2(config-if)#encapsulation ppp
Router2(config-if)#ppp authentication chap
Router2(config-if)#exit
Router2(config)#username Router1 password 1234
Router2(config)#router rip
Router2(config-router)#version 2
Router2(config-router)#no auto-summary
Router2(config-router)#network 192.1.2.0
Router2(config-router)#network 192.1.3.0
Router2(config-router)#exit
```

3. 命令列表

路由器命令行配置过程中使用的命令及功能说明如表 4.5 所示。

表 4.5　命令列表

命 令 格 式	功能和参数说明
username *name* password *password*	定义用户名和口令,参数 *name* 是定义的用户名,参数 *password* 是定义的口令。这里的用户名是对方路由器用命令 hostname 指定的名字,口令作为双方的共享密钥
clock rate *bps*	以 bps 为单位指定串行接口的传输速率。参数 *bps* 指定传输速率

命 令 格 式	功能和参数说明
encapsulation *encapsulation-type*	指定接口的封装格式类型,参数 *encapsulation-type* 用于指定链路层封装格式类型,PPP 是串行接口常用的封装格式
ppp authentication {*chap* | *pap*}	指定建立 PPP 链路使用的身份鉴别协议,Packet Tracer 可以选择 CHAP 或 PAP 作为身份鉴别协议
router rip	进入 RIP 配置模式,在 RIP 配置模式下完成 RIP 相关参数的配置过程
version {1 | 2}	选择 RIP 版本号,可以选择 RIPv1 或 RIPv2
auto-summary	启动路由项聚合功能,将多项以子网地址为目的网络地址的路由项聚合为一项以分类网络地址为目的网络地址的路由项。命令 no auto-summary 的作用是取消路由项聚合功能,Cisco 通过在某个命令前面加 no 表示取消执行该命令后启动的功能
network *ip-address*	指定参与 RIP 创建动态路由项的路由器接口和直接连接的网络。参数 *ip-address* 用于指定分类网络地址

4.2　自治系统配置实验

4.2.1　实验目的

　　一是掌握路由器 OSPF 配置过程。二是掌握 OSPF 创建动态路由项过程。三是掌握自治系统内部路由项建立过程。

4.2.2　实验原理

　　自治系统网络结构如图 4.12 所示,路由器 R11、R12、R13、R14 和网络 193.1.1.0/24 构成一个 OSPF 区域,为了节省 IP 地址,可用 CIDR 地址块 193.1.5.0/27 涵盖所有分配给实现路由器互连的路由器接口的 IP 地址。各个路由器接口配置的 IP 地址和子网掩码如表 4.6 所示。单 OSPF 区域的配置过程分为两个部分:一是完成所有路由器接口的 IP 地址和子网掩码配置,使得各个路由器自动生成用于指明通往直接连接的网络的传输路径的直连路由项。二是各个路由器确定参与 OSPF 创建动态路由项过程的路由器接口和直接连接的网络,确定参与 OSPF 创建动态路由项过程的路由器接口将发送和接收 OSPF 报文,其他路由器创建的动态路由项中包含用于指明通往确定参与 OSPF 创建动态路由项过程的网络的传输路径的动态路由项。

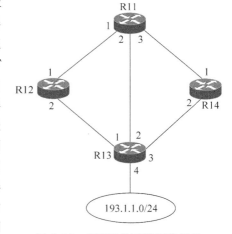

图 4.12　OSPF 单区域网络结构

表 4.6　AS1 路由器接口 IP 地址

路由器	接口	IP 地址和子网掩码
R11	1	193.1.5.1/30
	2	193.1.5.5/30
	3	193.1.5.9/30
R12	1	193.1.5.2/30
	2	193.1.5.13/30
R13	1	193.1.5.14/30
	2	193.1.5.6/30
	3	193.1.5.17/30
	4	193.1.1.254/24
R14	1	193.1.5.10/30
	2	193.1.5.18/30
	3	193.1.9.1/30

4.2.3　实验步骤

（1）启动 Packet Tracer,在逻辑工作区按照图 4.12 所示的自治系统网络结构放置和连接设备,完成设备放置和连接后的逻辑工作区界面如图 4.13 所示。

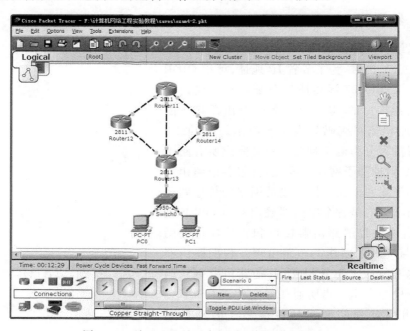

图 4.13　放置和连接设备后的逻辑工作区界面

（2）按照表 4.6 所示内容为各个路由器接口配置 IP 地址和子网掩码,完成接口 IP 地

址和子网掩码配置后的路由器 Router11 和 Router13 的直连路由项如图 4.14 和图 4.15
所示。

Routing Table for Router11				
Type	Network	Port	Next Hop IP	Metric
C	193.1.5.0/30	FastEthernet0/0	---	0/0
C	193.1.5.4/30	FastEthernet0/1	---	0/0
C	193.1.5.8/30	FastEthernet1/0	---	0/0

图 4.14　Router11 直连路由项

Routing Table for Router13				
Type	Network	Port	Next Hop IP	Metric
C	193.1.1.0/24	FastEthernet1/1	---	0/0
C	193.1.5.12/30	FastEthernet0/0	---	0/0
C	193.1.5.16/30	FastEthernet1/0	---	0/0
C	193.1.5.4/30	FastEthernet0/1	---	0/0

图 4.15　Router13 直连路由项

（3）完成每一个路由器的 OSPF 配置，各个路由器完成 OSPF 配置后，开始创建动态路
由项过程，完成动态路由项创建过程后，路由器 Router11 和 Router13 的完整路由表如图 4.16
和图 4.17 所示。类型为 O 的路由项是 OSPF 创建的动态路由项，110/3 中 110 是管理距离
值，显然，OSPF 创建的动态路由项的优先级高于 RIP 创建的动态路由项，3 是距离。路由
项中的距离是该路由器至目的网络传输路径经过的所有路由器输出接口的代价之和，路由
器输出接口代价等于 10^8/接口传输速率。快速以太网接口的代价＝$10^8/(100 \times 10^6)$＝1。

Routing Table for Router11				
Type	Network	Port	Next Hop IP	Metric
C	193.1.5.0/30	FastEthernet0/0	---	0/0
C	193.1.5.4/30	FastEthernet0/1	---	0/0
C	193.1.5.8/30	FastEthernet1/0	---	0/0
O	193.1.1.0/24	FastEthernet0/1	193.1.5.6	110/2
O	193.1.5.12/30	FastEthernet0/0	193.1.5.2	110/2
O	193.1.5.12/30	FastEthernet0/1	193.1.5.6	110/2
O	193.1.5.16/30	FastEthernet0/1	193.1.5.6	110/2
O	193.1.5.16/30	FastEthernet1/0	193.1.5.10	110/2

图 4.16　Router11 完整路由表

Routing Table for Router13				
Type	Network	Port	Next Hop IP	Metric
C	193.1.1.0/24	FastEthernet1/1	---	0/0
C	193.1.5.12/30	FastEthernet0/0	---	0/0
C	193.1.5.16/30	FastEthernet1/0	---	0/0
C	193.1.5.4/30	FastEthernet0/1	---	0/0
O	193.1.5.0/30	FastEthernet0/0	193.1.5.13	110/2
O	193.1.5.0/30	FastEthernet0/1	193.1.5.5	110/2
O	193.1.5.8/30	FastEthernet0/1	193.1.5.5	110/2
O	193.1.5.8/30	FastEthernet1/0	193.1.5.18	110/2

图 4.17　Router13 完整路由表

4.2.4　命令行配置过程

1. Router11 命令行配置过程

```
Router>enable
```

```
Router#configure terminal
Router(config)#hostname Router11
Router11(config)#interface FastEthernet0/0
Router11(config-if)#no shutdown
Router11(config-if)#ip address 193.1.5.1 255.255.255.252
Router11(config-if)#exit
Router11(config)#interface FastEthernet0/1
Router11(config-if)#no shutdown
Router11(config-if)#ip address 193.1.5.5 255.255.255.252
Router11(config-if)#exit
Router11(config)#interface FastEthernet1/0
Router11(config-if)#no shutdown
Router11(config-if)#ip address 193.1.5.9 255.255.255.252
Router11(config-if)#exit
Router11(config)#router ospf 11
Router11(config-router)#network 193.1.5.0 0.0.0.31 area 1
Router11(config-router)#exit
```

CIDR 地址块 193.1.5.0/27 涵盖了路由器 Router11 所有接口的 IP 地址和接口连接的网络的网络地址,因此命令 network 193.1.5.0 0.0.0.31 area 1 指定路由器 Router11 的所有接口和接口连接的网络参与区域 1 的 OSPF 动态路由项建立过程。

2. Router13 命令行配置过程

```
Router>enable
Router#configure terminal
Router(config)#hostname Router13
Router13(config)#interface FastEthernet0/0
Router13(config-if)#no shutdown
Router13(config-if)#ip address 193.1.5.14 255.255.255.252
Router13(config-if)#exit
Router13(config)#interface FastEthernet0/1
Router13(config-if)#no shutdown
Router13(config-if)#ip address 193.1.5.6 255.255.255.252
Router13(config-if)#exit
Router13(config)#interface FastEthernet1/0
Router13(config-if)#no shutdown
Router13(config-if)#ip address 193.1.5.17 255.255.255.252
Router13(config-if)#exit
Router13(config)#interface FastEthernet1/1
Router13(config-if)#no shutdown
Router13(config-if)#ip address 193.1.1.254 255.255.255.0
Router13(config-if)#exit
Router13(config)#router ospf 13
Router13(config-router)#network 193.1.5.0 0.0.0.31 area 1
```

```
Router13(config-router)#network 193.1.1.0 0.0.0.255 area 1
Router13(config-router)#exit
```

同样,命令 network 193.1.5.0 0.0.0.31 area 1 指定 Router13 所有与其他路由器相连的接口和接口连接的网络参与区域 1 的 OSPF 动态路由项建立过程。命令 network 193.1.1.0 0.0.0.255 area 1 指定 Router13 连接网络 193.1.1.0/24 的接口和网络 193.1.1.0/24 参与区域 1 的 OSPF 动态路由项建立过程。

其他路由器的命令行配置过程与 Router11 相似,不再赘述。

4.3　ISP 网络配置实验

4.3.1　实验目的

一是验证分层路由机制。二是验证边界网关协议工作原理。三是掌握网络自治系统划分方法。四是掌握路由器 BGP 配置过程。五是验证自治系统之间的连通性。

4.3.2　实验原理

ISP 网络结构如图 4.18 所示,由 4 个自治系统组成,每一个自治系统连接一个末端网络,如自治系统 AS1 连接末端网络 193.1.1.0/24,实现自治系统互连就是实现这些末端网络之间的连通性。整个实验过程分为三步:一是配置路由器接口,建立直连路由项。二是配置每一个自治系统,建立用于指明自治系统内传输路径的内部路由项。三是配置 BGP,建立用于指明自治系统间传输路径的外部路由项。

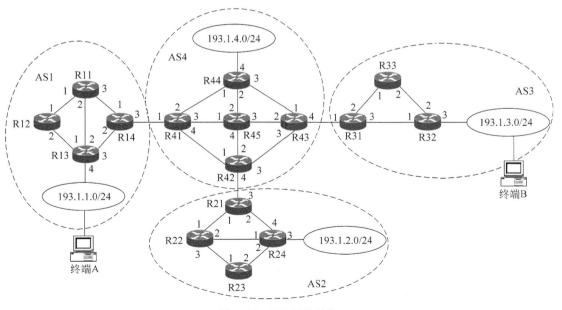

图 4.18　ISP 网络结构

1. 配置路由器接口

自治系统 AS1 路由器接口 IP 地址分配如表 4.6 所示。自治系统 AS2、AS3 和 AS4 路由器接口 IP 地址分配分别如表 4.7～表 4.9 所示。用 CIDR 地址块 193.1.5.0/27 涵盖 AS1 中所有用于实现路由器互连的接口的 IP 地址。用 CIDR 地址块 193.1.6.0/27 涵盖 AS2 中所有用于实现路由器互连的接口的 IP 地址。用 CIDR 地址块 193.1.7.0/27 涵盖 AS3 中所有用于实现路由器互连的接口的 IP 地址。用 CIDR 地址块 193.1.8.0/27 涵盖 AS4 中所有用于实现路由器互连的接口的 IP 地址。网络 193.1.9.0/30 用于互连自治系统 AS1 和 AS4。网络 193.1.10.0/30 用于互连自治系统 AS2 和 AS4。网络 193.1.11.0/30 用于互连自治系统 AS3 和 AS4。

表 4.7　AS2 路由器接口 IP 地址

路由器	接口	IP 地址和子网掩码
R21	1	193.1.6.1/30
	2	193.1.6.5/30
	3	193.1.10.1/30
R22	1	193.1.6.2/30
	2	193.1.6.9/30
	3	193.1.6.13/30
R23	1	193.1.6.14/30
	2	193.1.6.17/30
R24	1	193.1.6.10/30
	2	193.1.6.18/30
	3	193.1.2.254/24
	4	193.1.6.6/30

表 4.8　AS3 路由器接口 IP 地址

路由器	接口	IP 地址和子网掩码
R31	1	193.1.11.1/30
	2	193.1.7.1/30
	3	193.1.7.5/30
R32	1	193.1.7.6/30
	2	193.1.7.9/30
	3	193.1.3.254/24
R33	1	193.1.7.2/30
	2	193.1.7.10/30

表 4.9　AS4 路由器接口 IP 地址

路由器	接口	IP 地址和子网掩码
R41	1	193.1.9.2/30
	2	193.1.8.1/30
	3	193.1.8.5/30
	4	193.1.8.9/30
R42	1	193.1.8.10/30
	2	193.1.8.13/30
	3	193.1.8.17/30
	4	193.1.10.2/30
R43	1	193.1.8.21/30
	2	193.1.8.25/30
	3	193.1.8.18/30
	4	193.1.11.2/30
R44	1	193.1.8.2/30
	2	193.1.8.29/30
	3	193.1.8.22/30
	4	193.1.4.254/24
R45	1	193.1.8.6/30
	2	193.1.8.30/30
	3	193.1.8.26/30
	4	193.1.8.14/30

2. 配置自治系统

选择 OSPF 作为自治系统内使用的内部网关协议。由于用 CIDR 地址块 193.1.X.0/27(X=5,6,7 或 8)涵盖每一个自治系统中所有用于实现路由器互连的接口的 IP 地址,因此配置 OSPF 较为简单,除了连接末端网络的路由器和用于互连其他自治系统的路由器外,可以用 CIDR 地址块 193.1.X.0/27(X=5,6,7 或 8。)指定路由器中所有参与 OSPF 动态路由项建立过程的接口和直接连接的网络。

3. 配置 BGP

图 4.18 中路由器 R14 与 R41、R21 与 R42、R31 与 R43 互为 BGP 邻居。R14 获知通往位于其他自治系统中网络的传输路径的过程如下:一是自治系统 AS4 中的自治系统边界路由器 R42 和 R43 分别通过与其邻居交换 BGP 路由更新报文,获知通往位于自治系统 AS2 和 AS3 中网络的传输路径。二是通过内部网关协议使得 R41 不仅获知通往位于自治系统 AS4 中网络的传输路径,而且根据路由器 R42 和 R43 分别通过内部网关协议公告的通往位于自治系统 AS2 和 AS3 中网络的传输路径,获知通往位于自治系统 AS2 和 AS3 中

网络的传输路径。三是路由器 R14 通过与 R41 交换 BGP 路由更新报文,获知通往位于其他自治系统中网络的传输路径。R14 通过内部网关协议向自治系统 AS1 中的其他路由器公告通往位于其他自治系统中网络的传输路径,使得自治系统 AS1 中的所有路由器建立通往位于自治系统 AS2、AS3 和 AS4 中网络的传输路径。

4.3.3 关键命令说明

1. 配置 BGP

```
Router(config)#router bgp 4
Router(config-router)#neighbor 193.1.9.1 remote-as 1
Router(config-router)#redistribute ospf 41
Router(config-router)#network 193.1.2.0 mask 255.255.255.0
Router(config-router)#network 193.1.3.0 mask 255.255.255.0
Router(config-router)#exit
```

命令 router bgp 4 是全局模式下使用的命令,该命令的作用是分配自治系统号 4,并进入 BGP 配置模式。自治系统号 4,一是作为自治系统标识符,在路由器发送的路由消息中用于标识路由器所在的自治系统;二是作为 BGP 进程标识符,用于唯一标识在该路由器上运行的 BGP 进程。由于只需在两个位于不同自治系统的 BGP 发言人之间交换 BGP 报文,因此每一个自治系统只需对作为 BGP 发言人的路由器配置 BGP 相关信息。Router(config-router)♯是 BGP 配置模式下的命令提示符。

命令 neighbor 193.1.9.1 remote-as 1 是 BGP 配置模式下使用的命令,该命令的作用是将位于自治系统号为 1 的自治系统,且 IP 地址为 193.1.9.1 的路由器作为相邻路由器。相邻路由器是另一个自治系统的 BGP 发言人。每一个自治系统中的 BGP 发言人通过与相邻路由器交换 BGP 报文,获得相邻路由器所在自治系统的路由消息,并因此创建用于指明通往位于另一个自治系统的网络的传输路径的路由项。

命令 redistribute ospf 41 是 BGP 配置模式下使用的命令,该命令表明当前路由器根据进程标识符为 41 的 OSPF 进程创建的动态路由项和直连路由项构建 BGP 路由消息,并将该 BGP 路由消息发送给相邻路由器。进程标识符为 41 的 OSPF 进程创建的动态路由项和直连路由项中的目的网络是位于当前路由器所在自治系统内的网络,相邻路由器所在的自治系统中的路由器只能够创建用于指明通往这些网络的传输路径的路由项。因此,当前路由器通过 redistribute 命令指定的路由项范围确定了其他自治系统中路由器获得的当前路由器所在自治系统的网络范围。

命令 network 193.1.3.0 mask 255.255.255.0 是 BGP 配置模式下使用的命令,该命令的作用是将目的网络为 193.1.3.0/24 的路由项加入到 BGP 更新报文中。相邻 BGP 发言人交换的 BGP 更新报文中只包含直连路由项和内部网关协议生成的用于指明通往自治系统内网络的传输路径的内部路由项。如果需要包含通往其他类型网络的传输路径的路由项,需用该命令指定路由项的目的网络。

2. OSPF 分发其他自治系统路由项

```
Router(config)#router ospf 14
Router(config-router)#redistribute bgp 1
```

```
Router(config-router)#exit
```

命令 redistribute bgp 1 是 OSPF 配置模式下使用的命令,该命令表明作为 BGP 发言人的路由器构建 OSPF LSA 时,包含通过 BGP 获得的有关位于其他自治系统中网络的信息。作为自治系统号为 1 的自治系统的 BGP 发言人,它一方面通过 BGP 获得有关位于其他自治系统中网络的信息,同时该路由器也需要通过内部网关协议向自治系统内的其他路由器发送路由消息,该命令指定该路由器在向自治系统内的其他路由器发送的路由消息中,包含作为自治系统号为 1 的自治系统的 BGP 发言人获得的有关位于其他自治系统的网络的信息,使得该自治系统内的其他路由器能够创建用于指明通往位于其他自治系统内网络的传输路径的路由项。

4.3.4　实验步骤

(1)启动 Packet Tracer,在逻辑工作区根据图 4.18 所示 ISP 网络结构放置和连接设备,完成设备放置和连接后的逻辑工作区界面如图 4.19 所示。

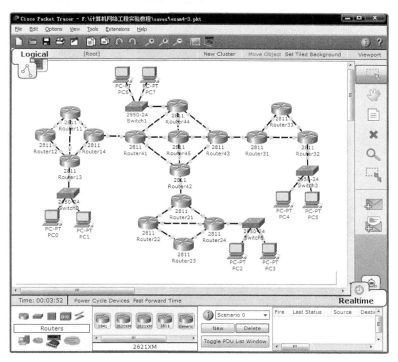

图 4.19　放置和连接设备后的逻辑工作区界面

(2)根据表 4.6～表 4.9 所示内容配置各个路由器接口的 IP 地址和子网掩码。需要强调的是,位于不同自治系统的两个相邻路由器通常连接在同一个网络上,如 Router14 和 Router41 连接在网络 193.1.9.0/30 上,Router21 和 Router42 连接在网络 193.1.10.0/30 上,Router31 和 Router43 连接在网络 193.1.11.0/30 上。这样做的目的有两个:一是某个自治系统内的路由器能够建立通往位于另一个自治系统的相邻路由器的传输路径;二是两个相邻路由器可以直接交换 BGP 路由消息。由于 Router41 存在直接连接网络 193.1.9.0/

30 的接口，Router14 所在自治系统内的其他路由器建立通往网络 193.1.9.0/30 的传输路径的同时，建立了通往 Router41 连接网络 193.1.9.0/30 的接口的传输路径。

（3）完成各个自治系统内路由器有关 OSPF 的配置，不同自治系统内的路由器通过 OSPF 创建用于指明通往自治系统内网络的传输路径的路由项，自治系统 AS1 中路由器 Router11、Router14，自治系统 AS4 中路由器 Router41、Router42 和 Router43，自治系统 AS2 中路由器 Router21，自治系统 AS3 中路由器 Router31 中的直连路由项和 OSPF 创建的动态路由项如图 4.20～图 4.26 所示。通过分析这些路由器的路由表可以得出两点结论：一是 OSPF 创建的动态路由项只包含用于指明通往自治系统内网络的传输路径的动态路由项；二是路由器 Router11 包含用于指明通往网络 193.1.9.0/30 的传输路径的动态路由项，这项动态路由项实际上也指明了通往路由器 Router41 的传输路径，而路由器 Router41 是路由器 Router11 通往位于自治系统 4 中网络的传输路径上的自治系统边界路由器。通过自治系统 4，Router11 可以建立通往位于所有其他自治系统中网络的传输路径。

Routing Table for Router11

Type	Network	Port	Next Hop IP	Metric
C	193.1.5.0/30	FastEthernet0/0	---	0/0
C	193.1.5.4/30	FastEthernet1/0	---	0/0
C	193.1.5.8/30	FastEthernet0/1	---	0/0
O	193.1.1.0/24	FastEthernet0/0	193.1.5.2	110/3
O	193.1.5.12/30	FastEthernet0/0	193.1.5.2	110/2
O	193.1.5.16/30	FastEthernet0/1	193.1.5.10	110/2
O	193.1.9.0/30	FastEthernet0/1	193.1.5.10	110/2

图 4.20　Router11 内部路由项

Routing Table for Router14

Type	Network	Port	Next Hop IP	Metric
C	193.1.5.16/30	FastEthernet0/0	---	0/0
C	193.1.5.8/30	FastEthernet0/1	---	0/0
C	193.1.9.0/30	FastEthernet1/0	---	0/0
O	193.1.1.0/24	FastEthernet0/1	193.1.5.9	110/4
O	193.1.5.0/30	FastEthernet0/1	193.1.5.9	110/2
O	193.1.5.12/30	FastEthernet0/1	193.1.5.9	110/3
O	193.1.5.4/30	FastEthernet0/1	193.1.5.9	110/2

图 4.21　Router14 内部路由项

Routing Table for Router41

Type	Network	Port	Next Hop IP	Metric
C	193.1.8.0/30	FastEthernet0/1	---	0/0
C	193.1.8.4/30	FastEthernet1/0	---	0/0
C	193.1.8.8/30	FastEthernet1/1	---	0/0
C	193.1.9.0/30	FastEthernet0/0	---	0/0
O	193.1.10.0/30	FastEthernet1/1	193.1.8.10	110/2
O	193.1.11.0/30	FastEthernet0/1	193.1.8.2	110/3
O	193.1.11.0/30	FastEthernet1/0	193.1.8.6	110/3
O	193.1.11.0/30	FastEthernet1/1	193.1.8.10	110/3
O	193.1.4.0/24	FastEthernet0/1	193.1.8.2	110/2
O	193.1.8.12/30	FastEthernet1/0	193.1.8.6	110/2
O	193.1.8.12/30	FastEthernet1/1	193.1.8.10	110/2
O	193.1.8.16/30	FastEthernet1/1	193.1.8.10	110/2
O	193.1.8.20/30	FastEthernet0/1	193.1.8.2	110/2
O	193.1.8.24/30	FastEthernet1/0	193.1.8.6	110/2
O	193.1.8.28/30	FastEthernet0/1	193.1.8.2	110/2
O	193.1.8.28/30	FastEthernet1/0	193.1.8.6	110/2

图 4.22　Router41 内部路由项

Type	Network	Port	Next Hop IP	Metric
C	193.1.10.0/30	FastEthernet1/1	---	0/0
C	193.1.8.12/30	FastEthernet0/1	---	0/0
C	193.1.8.16/30	FastEthernet1/0	---	0/0
C	193.1.8.8/30	FastEthernet0/0	---	0/0
O	193.1.11.0/30	FastEthernet1/0	193.1.8.18	110/2
O	193.1.4.0/24	FastEthernet0/0	193.1.8.9	110/3
O	193.1.4.0/24	FastEthernet0/1	193.1.8.14	110/3
O	193.1.4.0/24	FastEthernet1/0	193.1.8.18	110/3
O	193.1.8.0/30	FastEthernet0/0	193.1.8.9	110/2
O	193.1.8.20/30	FastEthernet1/0	193.1.8.18	110/2
O	193.1.8.24/30	FastEthernet0/1	193.1.8.14	110/2
O	193.1.8.24/30	FastEthernet1/0	193.1.8.18	110/2
O	193.1.8.28/30	FastEthernet0/1	193.1.8.14	110/2
O	193.1.8.4/30	FastEthernet0/0	193.1.8.9	110/2
O	193.1.8.4/30	FastEthernet0/1	193.1.8.14	110/2
O	193.1.9.0/30	FastEthernet0/0	193.1.8.9	110/2

图 4.23　Router42 内部路由项

Type	Network	Port	Next Hop IP	Metric
C	193.1.11.0/30	FastEthernet1/1	---	0/0
C	193.1.8.16/30	FastEthernet1/0	---	0/0
C	193.1.8.20/30	FastEthernet0/0	---	0/0
C	193.1.8.24/30	FastEthernet0/1	---	0/0
O	193.1.10.0/30	FastEthernet1/0	193.1.8.17	110/2
O	193.1.4.0/24	FastEthernet0/0	193.1.8.22	110/2
O	193.1.8.0/30	FastEthernet0/0	193.1.8.22	110/2
O	193.1.8.12/30	FastEthernet0/1	193.1.8.26	110/2
O	193.1.8.12/30	FastEthernet1/0	193.1.8.17	110/2
O	193.1.8.28/30	FastEthernet0/0	193.1.8.22	110/2
O	193.1.8.28/30	FastEthernet0/1	193.1.8.26	110/2
O	193.1.8.4/30	FastEthernet0/1	193.1.8.26	110/2
O	193.1.8.8/30	FastEthernet1/0	193.1.8.17	110/2
O	193.1.9.0/30	FastEthernet0/0	193.1.8.22	110/3
O	193.1.9.0/30	FastEthernet0/1	193.1.8.26	110/3
O	193.1.9.0/30	FastEthernet1/0	193.1.8.17	110/3

图 4.24　Router43 内部路由项

Type	Network	Port	Next Hop IP	Metric
C	193.1.10.0/30	FastEthernet1/0	---	0/0
C	193.1.6.0/30	FastEthernet0/0	---	0/0
C	193.1.6.4/30	FastEthernet0/1	---	0/0
O	193.1.2.0/24	FastEthernet0/1	193.1.6.6	110/2
O	193.1.6.12/30	FastEthernet0/0	193.1.6.2	110/2
O	193.1.6.16/30	FastEthernet0/1	193.1.6.6	110/2
O	193.1.6.8/30	FastEthernet0/0	193.1.6.2	110/2
O	193.1.6.8/30	FastEthernet0/1	193.1.6.6	110/2

图 4.25　Router21 内部路由项

Type	Network	Port	Next Hop IP	Metric
C	193.1.11.0/30	FastEthernet0/0	---	0/0
C	193.1.7.0/30	FastEthernet0/1	---	0/0
C	193.1.7.4/30	FastEthernet1/0	---	0/0
O	193.1.3.0/24	FastEthernet0/1	193.1.7.6	110/2
O	193.1.7.8/30	FastEthernet0/1	193.1.7.2	110/2
O	193.1.7.8/30	FastEthernet1/0	193.1.7.6	110/2

图 4.26　Router31 内部路由项

（4）完成各个自治系统 BGP 发言人有关 BGP 的配置，Router14 是自治系统 1 的 BGP 发言人，Router41、Router42 和 Router43 是自治系统 4 的 BGP 发言人，Router21 是自治系统 2 的 BGP 发言人,Router31 是自治系统 3 的 BGP 发言人。Router14 和 Router41、Router21 和 Router42、Router31 和 Router43 互为相邻路由器。BGP 发言人向相邻路由器发送的 BGP 路由消息中包含直连路由项和 OSPF 创建的动态路由项。图 4.27 所示的 Router14 路由表中存在三种类型的路由项:第一类是直连路由项;第二类是通过 OSPF 创建的用于指明通往自治系统内网络的传输路径的动态路由项;第三类是类型为 B、通过 BGP 创建的动态路由项。Router14 路由表中类型为 B 的路由项是图 4.22 所示 Router41 中的直连路由项和通过 OSPF 创建的用于指明自治系统 4 内网络的传输路径的动态路由项。Router14 中所有通过和 Router41 交换 BGP 路由消息创建的类型为 B 的动态路由项的下一跳 IP 地址是 Router41 连接网络 193.1.9.0/30 的接口的 IP 地址 193.1.9.2。

Type	Network	Port	Next Hop IP	Metric
B	193.1.10.0/30	FastEthernet1/0	193.1.9.2	20/2
B	193.1.11.0/30	FastEthernet1/0	193.1.9.2	20/3
B	193.1.4.0/24	FastEthernet1/0	193.1.9.2	20/2
B	193.1.8.0/30	FastEthernet1/0	193.1.9.2	20/1
B	193.1.8.12/30	FastEthernet1/0	193.1.9.2	20/2
B	193.1.8.16/30	FastEthernet1/0	193.1.9.2	20/2
B	193.1.8.20/30	FastEthernet1/0	193.1.9.2	20/2
B	193.1.8.24/30	FastEthernet1/0	193.1.9.2	20/2
B	193.1.8.28/30	FastEthernet1/0	193.1.9.2	20/2
B	193.1.8.4/30	FastEthernet1/0	193.1.9.2	20/1
B	193.1.8.8/30	FastEthernet1/0	193.1.9.2	20/1
C	193.1.5.16/30	FastEthernet0/0	---	0/0
C	193.1.5.8/30	FastEthernet0/1	---	0/0
C	193.1.9.0/30	FastEthernet1/0	---	0/0
O	193.1.1.0/24	FastEthernet0/1	193.1.5.9	110/4
O	193.1.5.0/30	FastEthernet0/1	193.1.5.9	110/2
O	193.1.5.12/30	FastEthernet0/1	193.1.5.9	110/3
O	193.1.5.4/30	FastEthernet0/1	193.1.5.9	110/2

图 4.27　Router14 和 Router41 交换 BGP 路由消息后的路由项

(5) 为了使 Router41 包含用于指明通往位于自治系统 AS2 和 AS3 中网络的传输路径的路由项,需要通过配置使得 AS4 自治系统边界路由器 Router42 和 Router43 泛洪 OSPF LSA 时,LSA 中包含 BGP 创建的动态路由项,但 Cisco 只包含 BGP 创建的,且目的网络地址是分类网络地址的动态路由项,这里只有 193.1.2.0/24 和 193.1.3.0/24 是分类网络地址。AS4 自治系统边界路由器 Router41 最终生成的路由表如图 4.28 所示。当然,AS4 自治系统边界路由器 Router41 泛洪 OSPF LSA 时,LSA 中也包含 BGP 创建的目的网络为 193.1.1.0/24 的路由项。

(6) AS4 自治系统边界路由器 Router41 中目的网络为 193.1.2.0/24 和 193.1.3.0/24 的路由项,既不是 Router41 的直连路由项,也不是 OSPF 创建的用于指明通往自治系统 4 中网络的传输路径的动态路由项,需要通过 network 命令将其添加到 BGP 相邻路由器之间交换的更新报文中。Router14 通过与 Router41 相互交换 BGP 更新报文后生成的完整路由表如图 4.29 所示。

(7) Router14 向自治系统 AS1 内的其他路由器泛洪 LSA 时,LSA 中包含 BGP 创建的目的网络为 193.1.2.0/24、193.1.3.0/24 和 193.1.4.0/24 的路由项。Router14 发送给 Router11 的针对目的网络 193.1.2.0/24、193.1.3.0/24 和 193.1.4.0/24 的路由项的下一跳是 193.1.9.2。Router11 创建用于指明通往网络 193.1.2.0/24、193.1.3.0/24 和 193.1.4.0/24 的传输路径的路由项时,用通往网络 193.1.9.0/30 传输路径上的下一跳作为通

Routing Table for Router41

Type	Network	Port	Next Hop IP	Metric
B	193.1.1.0/24	FastEthernet0/0	193.1.9.1	20/4
B	193.1.5.0/30	FastEthernet0/0	193.1.9.1	20/2
B	193.1.5.12/30	FastEthernet0/0	193.1.9.1	20/3
B	193.1.5.16/30	FastEthernet0/0	193.1.9.1	20/20
B	193.1.5.4/30	FastEthernet0/0	193.1.9.1	20/2
B	193.1.5.8/30	FastEthernet0/0	193.1.9.1	20/20
C	193.1.8.0/30	FastEthernet0/1	---	0/0
C	193.1.8.4/30	FastEthernet1/0	---	0/0
C	193.1.8.8/30	FastEthernet1/1	---	0/0
C	193.1.9.0/30	FastEthernet0/0	---	0/0
O	193.1.10.0/30	FastEthernet1/1	193.1.8.10	110/2
O	193.1.11.0/30	FastEthernet0/1	193.1.8.2	110/3
O	193.1.11.0/30	FastEthernet1/0	193.1.8.6	110/3
O	193.1.11.0/30	FastEthernet1/1	193.1.8.10	110/3
O	193.1.2.0/24	FastEthernet1/1	193.1.8.10	110/20
O	193.1.3.0/24	FastEthernet0/1	193.1.8.2	110/20
O	193.1.3.0/24	FastEthernet1/0	193.1.8.6	110/20
O	193.1.3.0/24	FastEthernet1/1	193.1.8.10	110/20
O	193.1.4.0/24	FastEthernet0/1	193.1.8.2	110/2
O	193.1.8.12/30	FastEthernet1/0	193.1.8.6	110/2
O	193.1.8.12/30	FastEthernet1/1	193.1.8.10	110/2
O	193.1.8.16/30	FastEthernet1/1	193.1.8.10	110/2
O	193.1.8.20/30	FastEthernet0/1	193.1.8.2	110/2
O	193.1.8.24/30	FastEthernet1/0	193.1.8.6	110/2
O	193.1.8.28/30	FastEthernet0/1	193.1.8.2	110/2
O	193.1.8.28/30	FastEthernet1/0	193.1.8.6	110/2

图 4.28　Router41 完整路由表

Routing Table for Router14

Type	Network	Port	Next Hop IP	Metric
B	193.1.10.0/30	FastEthernet1/0	193.1.9.2	20/2
B	193.1.11.0/30	FastEthernet1/0	193.1.9.2	20/3
B	193.1.2.0/24	FastEthernet1/0	193.1.9.2	20/0
B	193.1.3.0/24	FastEthernet1/0	193.1.9.2	20/0
B	193.1.4.0/24	FastEthernet1/0	193.1.9.2	20/2
B	193.1.8.0/30	FastEthernet1/0	193.1.9.2	20/20
B	193.1.8.12/30	FastEthernet1/0	193.1.9.2	20/2
B	193.1.8.16/30	FastEthernet1/0	193.1.9.2	20/2
B	193.1.8.20/30	FastEthernet1/0	193.1.9.2	20/2
B	193.1.8.24/30	FastEthernet1/0	193.1.9.2	20/2
B	193.1.8.28/30	FastEthernet1/0	193.1.9.2	20/2
B	193.1.8.4/30	FastEthernet1/0	193.1.9.2	20/20
B	193.1.8.8/30	FastEthernet1/0	193.1.9.2	20/20
C	193.1.5.16/30	FastEthernet0/0	---	0/0
C	193.1.5.8/30	FastEthernet0/1	---	0/0
C	193.1.9.0/30	FastEthernet1/0	---	0/0
O	193.1.1.0/24	FastEthernet0/1	193.1.5.9	110/4
O	193.1.5.0/30	FastEthernet0/1	193.1.5.9	110/2
O	193.1.5.12/30	FastEthernet0/1	193.1.5.9	110/3
O	193.1.5.4/30	FastEthernet0/1	193.1.5.9	110/2

图 4.29　Router14 完整路由表

往网络 193.1.2.0/24、193.1.3.0/24 和 193.1.4.0/24 传输路径上的下一跳。通往网络
193.1.9.0/30 传输路径上的下一跳其实就是通往 IP 地址为 193.1.9.2 的 Router41 接口的
传输路径上的下一跳。Router11 完整路由表如图 4.30 所示,目的网络为 193.1.2.0/24、

Routing Table for Router11

Type	Network	Port	Next Hop IP	Metric
C	193.1.5.0/30	FastEthernet0/0	---	0/0
C	193.1.5.4/30	FastEthernet1/0	---	0/0
C	193.1.5.8/30	FastEthernet0/1	---	0/0
O	193.1.1.0/24	FastEthernet0/0	193.1.5.2	110/3
O	193.1.2.0/24	FastEthernet0/1	193.1.5.10	110/20
O	193.1.3.0/24	FastEthernet0/1	193.1.5.10	110/20
O	193.1.4.0/24	FastEthernet0/1	193.1.5.10	110/20
O	193.1.5.12/30	FastEthernet0/0	193.1.5.2	110/2
O	193.1.5.16/30	FastEthernet0/1	193.1.5.10	110/2
O	193.1.9.0/30	FastEthernet0/1	193.1.5.10	110/2

图 4.30　Router11 完整路由表

193.1.3.0/24 和 193.1.4.0/24 的路由项的下一跳 IP 地址与目的网络为 193.1.9.0/30 的路由项的下一跳 IP 地址相同。

4.3.5 命令行配置过程

1. Router14 命令行配置过程

```
Router>enable
Router#configure terminal
Router(config)#hostname Router14
Router14(config)#interface FastEthernet0/1
Router14(config-if)#no shutdown
Router14(config-if)#ip address 193.1.5.10 255.255.255.252
Router14(config-if)#exit
Router14(config-if)#no shutdown
Router14(config-if)#ip address 193.1.5.18 255.255.255.252
Router14(config-if)#exit
Router14(config)#interface FastEthernet1/0
Router14(config-if)#no shutdown
Router14(config-if)#ip address 193.1.9.1 255.255.255.252
Router14(config-if)#exit
Router14(config)#router ospf 14
Router14(config-router)#network 193.1.5.0 0.0.0.31 area 1
Router14(config-router)#network 193.1.9.0 0.0.0.3 area 1
Router14(config-router)#exit
Router14(config)#router bgp 1
Router14(config-router)#neighbor 193.1.9.2 remote-as 4
Router14(config-router)#redistribute ospf 14
Router14(config-router)#exit
Router14(config)#router ospf 14
Router14(config-router)#redistribute bgp 1
Router14(config-router)#exit
```

2. Router41 命令行配置过程

```
Router>enable
Router#configure terminal
Router(config)#hostname Router41
Router41(config)#interface FastEthernet0/0
Router41(config-if)#no shutdown
Router41(config-if)#ip address 193.1.9.2 255.255.255.252
Router41(config-if)#exit
Router41(config)#interface FastEthernet0/1
Router41(config-if)#no shutdown
Router41(config-if)#ip address 193.1.8.1 255.255.255.252
Router41(config-if)#exit
Router41(config)#interface FastEthernet1/0
```

```
Router41(config-if)#no shutdown
Router41(config-if)#ip address 193.1.8.5 255.255.255.252
Router41(config-if)#exit
Router41(config)#interface FastEthernet1/1
Router41(config-if)#no shutdown
Router41(config-if)#ip address 193.1.8.9 255.255.255.252
Router41(config-if)#exit
Router41(config)#router ospf 41
Router41(config-router)#network 193.1.8.0 0.0.0.31 area 4
Router41(config-router)#network 193.1.9.0 0.0.0.3 area 4
Router41(config-router)#exit
Router41(config)#router bgp 4
Router41(config-router)#neighbor 193.1.9.1 remote-as 1
Router41(config-router)#redistribute ospf 41
Router41(config-router)#exit
Router41(config)#router ospf 41
Router41(config-router)#redistribute bgp 4
Router41(config-router)#exit
Router41(config)#router bgp 4
Router41(config-router)#network 193.1.2.0 mask 255.255.255.0
Router41(config-router)#network 193.1.3.0 mask 255.255.255.0
Router41(config-router)#exit
```

3. Router42 命令行配置过程

```
Router>enable
Router#configure terminal
Router(config)#hostname Router42
Router42(config)#interface FastEthernet0/0
Router42(config-if)#no shutdown
Router42(config-if)#ip address 193.1.8.10 255.255.255.252
Router42(config-if)#exit
Router42(config)#interface FastEthernet0/1
Router42(config-if)#no shutdown
Router42(config-if)#ip address 193.1.8.13 255.255.255.252
Router42(config-if)#exit
Router42(config)#interface FastEthernet1/0
Router42(config-if)#no shutdown
Router42(config-if)#ip address 193.1.8.17 255.255.255.252
Router42(config-if)#exit
Router42(config)#interface FastEthernet1/1
Router42(config-if)#no shutdown
Router42(config-if)#ip address 193.1.10.2 255.255.255.252
Router42(config-if)#exit
Router42(config)#router ospf 42
Router42(config-router)#network 193.1.8.0 0.0.0.31 area 4
```

```
Router42(config-router)#network 193.1.10.0 0.0.0.3 area 4
Router42(config-router)#exit
Router42(config)#router bgp 4
Router42(config-router)#neighbor 193.1.10.1 remote-as 2
Router42(config-router)#redistribute ospf 42
Router42(config-router)#exit
Router42(config)#router ospf 42
Router42(config-router)#redistribute bgp 4
Router42(config-router)#exit
Router42(config)#router bgp 4
Router42(config-router)#network 193.1.1.0 mask 255.255.255.0
Router42(config-router)#network 193.1.3.0 mask 255.255.255.0
Router42(config-router)#exit
```

4. Router43 命令行配置过程

```
Router>enable
Router#configure terminal
Router(config)#hostname Router43
Router43(config)#interface FastEthernet0/0
Router43(config-if)#no shutdown
Router43(config-if)#ip address 193.1.8.21 255.255.255.252
Router43(config-if)#exit
Router43(config)#interface FastEthernet0/1
Router43(config-if)#no shutdown
Router43(config-if)#ip address 193.1.8.25 255.255.255.252
Router43(config-if)#exit
Router43(config)#interface FastEthernet1/0
Router43(config-if)#no shutdown
Router43(config-if)#ip address 193.1.8.18 255.255.255.252
Router43(config-if)#exit
Router43(config)#interface FastEthernet1/1
Router43(config-if)#no shutdown
Router43(config-if)#ip address 193.1.11.2 255.255.255.252
Router43(config-if)#exit
Router43(config)#router ospf 43
Router43(config-router)#network 193.1.8.0 0.0.0.31 area 4
Router43(config-router)#network 193.1.11.0 0.0.0.3 area 4
Router43(config-router)#exit
Router43(config)#router bgp 4
Router43(config-router)#neighbor 193.1.11.1 remote-as 3
Router43(config-router)#redistribute ospf 43
Router43(config-router)#exit
Router43(config)#router ospf 43
Router43(config-router)#redistribute bgp 4
Router43(config-router)#exit
```

```
Router43(config)#router bgp 4
Router43(config-router)#network 193.1.1.0 mask 255.255.255.0
Router43(config-router)#network 193.1.2.0 mask 255.255.255.0
Router43(config-router)#exit
```

5. Router21 命令行配置过程

```
Router>enable
Router#configure terminal
Router(config)#hostname Router21
Router21(config)#interface FastEthernet1/0
Router21(config-if)#no shutdown
Router21(config-if)#ip address 193.1.10.1 255.255.255.252
Router21(config-if)#exit
Router21(config)#interface FastEthernet0/0
Router21(config-if)#no shutdown
Router21(config-if)#ip address 193.1.6.1 255.255.255.252
Router21(config-if)#exit
Router21(config)#interface FastEthernet0/1
Router21(config-if)#no shutdown
Router21(config-if)#ip address 193.1.6.5 255.255.255.252
Router21(config-if)#exit
Router21(config)#router ospf 21
Router21(config-router)#network 193.1.6.0 0.0.0.31 area 2
Router21(config-router)#network 193.1.10.0 0.0.0.3 area 2
Router21(config-router)#exit
Router21(config)#router bgp 2
Router21(config-router)#neighbor 193.1.10.2 remote-as 4
Router21(config-router)#redistribute ospf 21
Router21(config-router)#exit
Router21(config)#router ospf 21
Router21(config-router)#redistribute bgp 2
Router21(config-router)#exit
```

6. Router31 命令行配置过程

```
Router>enable
Router#configure terminal
Router(config)#hostname Router31
Router31(config)#interface FastEthernet0/0
Router31(config-if)#no shutdown
Router31(config-if)#ip address 193.1.11.1 255.255.255.252
Router31(config-if)#exit
Router31(config)#interface FastEthernet0/1
Router31(config-if)#no shutdown
Router31(config-if)#ip address 193.1.7.1 255.255.255.252
Router31(config-if)#exit
```

```
Router31(config)#interface FastEthernet1/0
Router31(config-if)#no shutdown
Router31(config-if)#ip address 193.1.7.5 255.255.255.252
Router31(config-if)#exit
Router31(config)#router ospf 31
Router31(config-router)#network 193.1.7.0 0.0.0.31 area 3
Router31(config-router)#network 193.1.11.0 0.0.0.3 area 3
Router31(config-router)#exit
Router31(config)#router bgp 3
Router31(config-router)#neighbor 193.1.11.2 remote-as 4
Router31(config-router)#redistribute ospf 31
Router31(config-router)#exit
Router31(config)#router ospf 31
Router31(config-router)#redistribute bgp 3
Router31(config-router)#exit
```

其他路由器命令行配置过程与 4.2 节自治系统配置实验中路由器命令行配置过程相似,这里不再赘述。

7. 命令列表

路由器命令行配置过程中使用的命令及功能说明如表 4.10 所示。

表 4.10 命令列表

命 令 格 式	功能和参数说明
router bgp *autonomous-system-number*	分配自治系统号,并进入 BGP 配置模式,参数 *autonomous-system-number* 是自治系统号
neighbor *ip-address* remote-as *autonomous-system-number*	指定相邻路由器,BGP 发言人只和相邻路由器交换 BGP 报文,参数 *ip-address* 是相邻路由器的 IP 地址,参数 *autonomous-system-number* 是相邻路由器所在自治系统的自治系统号
redistribute *protocol as-number*	将路由器通过 BGP 获得的外部路由项通过内部网关协议通报给自治系统内的其他路由器,参数 *protocol* 只能是 BGP,用于指定 BGP。参数 *as-number* 是自治系统号,用于指定获得外部路由项的 BGP 进程
redistribute *protocol* [*process-id*]	将路由器通过内部网关协议获得的路由项通过 BGP 通报给其他相邻路由器。参数 *protocol* 用于指定内部网关协议,如果内部网关协议是 OSPF,还需通过参数 *process-id* 指定 OSPF 进程标识符
network *network-number* mask *network-mask*	用于将目的网络为由参数 *network-number* 和 *network-mask* 指定的网络的路由项加入相邻 BGP 发言人之间交换的 BGP 更新报文中。其中参数 *network-number* 为网络号,参数 *network-mask* 为子网掩码

第 5 章　接入网络设计实验

接入网络设计要求掌握用户终端宽带接入网络和局域网宽带接入网络的设计方法和过程,同时需要掌握本地鉴别方式与统一鉴别方式的区别,并掌握这两种鉴别方式的实现方法和过程。

5.1　宽带接入网络配置实验

5.1.1　实验目的

一是掌握宽带接入网络设计和配置过程。二是掌握终端宽带接入过程。三是掌握本地鉴别方式鉴别终端用户过程。四是验证用户终端访问 Internet 过程。

5.1.2　实验原理

宽带接入网络结构如图 5.1 所示,终端 A 和 B 采用以太网接入 Internet 方式,路由器 R1 为接入控制设备,在实现宽带接入前,终端 A 和终端 B 没有配置任何网络信息,也无法访问 Internet。为了完成终端 A 和终端 B 的宽带接入过程,需要终端 A 和终端 B 启动宽带连接程序,接入控制设备路由器 R1 通过 PPP 完成对接入终端的身份鉴别和 IP 地址分配,并在路由表中动态生成将分配给接入终端的 IP 地址与互连接入终端和路由器 R1 的 PPP 会话绑定在一起的路由项,PPP 会话通过 PPPoE 创建。

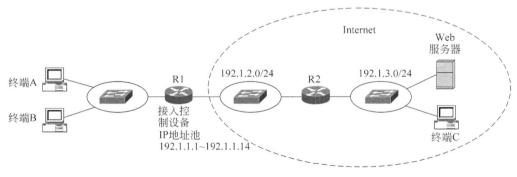

图 5.1　宽带接入网络

1. 配置 PPPoE

接入控制设备路由器 R1 通过 PPP 完成对用户终端的接入控制过程,但终端与路由器 R1 的以太网接口之间首先需要通过 PPPoE 建立 PPP 会话。终端与路由器 R1 之间通过 PPP 会话实现 PPP 帧的传输过程。

2. 配置鉴别方式和鉴别协议

路由器 R1 通过配置确定采用本地鉴别方式,CHAP 作为鉴别协议,因此需要在路由器

R1 创建本地授权用户。

3. 配置 IP 地址池

由路由器 R1 对接入终端分配 IP 地址,因此路由器 R1 需要创建 IP 地址池,其他路由器能够将以属于该 IP 地址池的 IP 地址为目的 IP 地址的 IP 分组转发给路由器 R1。

5.1.3 关键命令说明

1. 配置鉴别方式

```
Router(config)#aaa new-model
Router(config)#aaa authentication ppp a1 local
```

命令 aaa new-model 是全局模式下使用的命令,该命令的作用是启动路由器鉴别、授权和计费(Authentication,Authorization and Accounting,AAA))接入控制模型。

命令 aaa authentication ppp a1 local 是全局模式下使用的命令,该命令的作用是指定名为 a1 的 PPP 鉴别列表,该鉴别列表中只包含本地鉴别方式(local)。因此,PPP 鉴别用户身份时采用本地鉴别方式。

2. 创建授权用户

```
Router(config)#username aaa1 password bbb1
```

命令 username aaa1 password bbb1 是全局模式下使用的命令,该命令的作用是创建用户名为 aaa1,口令为 bbb1 的授权用户。每一个用户通过启动宽带连接程序接入 Internet 时,必须输入某个授权用户的用户名和口令。

3. 配置 PPP

```
Router(config)#vpdn enable
Router(config)#vpdn-group b1
Router(config-vpdn)#accept-dialin
Router(config-vpdn-acc-in)#protocol pppoe
Router(config-vpdn-acc-in)#virtual-template 1
Router(config-vpdn-acc-in)#exit
Router(config-vpdn)#exit
```

命令 vpdn enable 是全局模式下使用的命令,该命令的作用是启动路由器虚拟专用拨号网络功能。传统的拨号接入网络是通过 PSTN 建立终端与接入控制设备之间的语音信道,通过 PPP 实现对终端的接入控制过程。将目前以太网为接入网络,通过 PPP 实现对终端的接入控制过程的宽带接入方式称为虚拟专用拨号网络(Virtual Private Dialup Network,VPDN)。

命令 vpdn-group b1 是全局模式下使用的命令,该命令的作用:一是创建名为 b1 的 VPDN 组,二是进入 VPDN 组配置模式。VPDN 组配置模式下可以对该 VPDN 组配置相关参数。为某个 VPDN 组配置的参数自动作用到全局 VPDN 模板。

命令 accept-dialin 是 VPDN 组配置模式下使用的命令,该命令的作用:一是确定该 VPDN 是拨入网络,二是进入拨入网络配置模式。拨入网络配置模式下可以定义允许接入的虚拟拨号接入方式及有关参数。

命令 protocol pppoe 是拨入网络配置模式下使用的命令,该命令指定 PPPoE 作为拨入网络使用的协议。

命令 virtual-template 1 是拨入网络配置模式下使用的命令,该命令指定通过使用编号为 1 的虚拟模板创建虚拟接入接口。路由器为每一次虚拟拨号接入过程创建一个虚拟接入接口,该接口等同于传统拨号接入网络连接语音信道的接口,需要为该接口配置相关参数。为编号为 1 的虚拟模板配置的参数可以作用到所有与此关联的虚拟接入接口。

4. 配置本地 IP 地址池

```
Router(config)#ip local pool c1 192.1.1.1 192.1.1.14
```

命令 ip local pool c1 192.1.1.1 192.1.1.14 是全局模式下使用的命令,该命令的作用是定义一个名为 c1,IP 地址范围为 192.1.1.1～192.1.1.14 的本地 IP 地址池。

5. 配置虚拟模板

```
Router(config)#interface virtual-template 1
Router(config-if)#ip unnumbered FastEthernet0/0
Router(config-if)#peer default ip address pool c1
Router(config-if)#ppp authentication chap a1
Router(config-if)#exit
```

命令 interface virtual-template 1 是全局模式下使用的命令,该命令的作用:一是创建编号为 1 的虚拟模板,二是进入虚拟模板配置模式。为该虚拟模板配置的参数作用于所有与该虚拟模板关联的虚拟接入接口。

命令 ip unnumbered FastEthernet0/0 是虚拟模板配置模式下使用的命令,该命令的作用是在一个没有分配 IP 地址的接口上启动 IP 处理功能。如果该接口需要产生并发送报文,使用接口 FastEthernet0/0 的 IP 地址。由于需要为每一次接入过程创建虚拟接入接口,因此不可能为每一个虚拟接入接口分配 IP 地址,但一是需要启动虚拟接入接口输入输出 IP 分组的功能;二是允许虚拟接入接口产生并发送控制报文,如路由消息,这些控制报文用其他接口的 IP 地址作为其源 IP 地址。

命令 peer default ip address pool c1 是虚拟模板配置模式下使用的命令,该命令的作用是将接入终端获取 IP 地址的方式指定为从名为 c1 的本地 IP 地址池中分配 IP 地址。由于采用点对点虚拟线路互连接入终端与虚拟接入接口,因此接入终端也是虚拟接入接口的另一端。

命令 ppp authentication chap a1 是虚拟模板配置模式下使用的命令,该命令的作用:一是指定 CHAP 作为鉴别接入用户的鉴别协议。二是用名为 a1 的鉴别机制列表所指定的鉴别机制鉴别接入用户。

6. 启动接口的 PPPoE 功能

```
Router(config)#interface FastEthernet0/0
Router(config-if)#pppoe enable
Router(config-if)#exit
```

命令 pppoe enable 是接口配置模式下使用的命令,该命令的作用是启动以太网接口(这里是接口 FastEthernet0/0)创建 PPPoE 会话的功能。用户终端通过以太网实现宽带接入前，路由器连接作为接入网络的以太网的接口必须启动创建 PPPoE 会话的功能。

5.1.4 实验步骤

（1）启动 Packet Tracer，在逻辑工作区根据图 5.1 所示的宽带接入网络结构放置和连接设备，完成设备放置和连接后的逻辑工作区界面及路由表如图 5.2 所示。

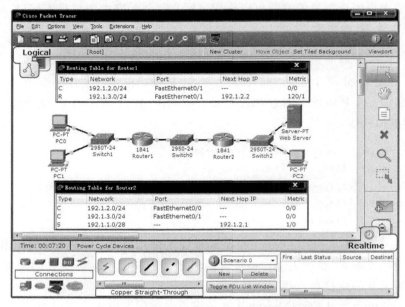

图 5.2　放置和连接设备后的逻辑工作区界面及路由表

（2）完成路由器接口 IP 地址和子网掩码配置，完成各个路由器路由协议配置和静态路由项配置，生成图 5.2 所示的路由表。需要指出的是，Router1 用于指明通往 PC0 和 PC1 的传输路径的路由项在完成接入控制过程后动态建立，但 Router2 需配置用于指明通往网络 192.1.1.0/28 的传输路径的静态路由项。

（3）在路由器 Router1 中创建两个注册用户。通过配置确定采用本地鉴别方式鉴别用户身份。

（4）将以 PSTN 为接入网络的接入 Internet 方式称为拨号接入方式，以太网、ADSL 和 VPN 接入过程其实都仿真拨号接入过程。因此，Cisco 将通过用 PPP 会话或第 2 层隧道仿真 PSTN 点对点信道，以此为基础用 PPP 实现接入控制的接入方式统称为虚拟拨号接入方式，作为接入网络的以太网、ADSL 和 IP 网络称为虚拟专用拨号网络（Virtual Private Dialup Networks，VPDN）。启动虚拟专用拨号网络功能，并定义与这次使用的虚拟拨号接入方式相对应的虚拟专用拨号网络的相关属性。

（5）定义本地 IP 地址池，本地 IP 地址池包含 CIDR 地址块 192.1.1.0/28。

（6）用户终端一旦完成接入过程，接入控制设备路由器 Router1 与用户终端之间相当于建立了虚拟点对点线路，路由器 Router1 等同于创建了用于连接虚拟点对点线路的虚拟接入接口，因此，通过定义虚拟模板的方式定义完成虚拟点对点线路建立所需要的相关参数。

（7）在路由器 Router1 连接作为接入网络的以太网的接口上启动创建 PPPoE 会话的功能。

（8）完成路由器 Router1 有关配置后，用户终端启动 PPPoE 连接程序，输入用户名和口令，完成用户终端 PPPoE 接入过程。PC0 的 PPPoE 连接程序界面如图 5.3 所示。

图 5.3　PC0 的 PPPoE 连接程序界面

（9）查看路由器 Router1 路由表，路由器 Router1 直接通过虚拟接入接口连接了用户终端，并将连接用户终端的虚拟接入接口和分配给用户终端的 IP 地址绑定在一起，分配给用户终端的 IP 地址从 IP 地址池中选择。路由器 Router1 路由表如图 5.4 所示。如果虚拟接入接口产生并发送报文，可以将 Router1 接口 FastEthernet0/0 的 IP 地址作为该报文的源 IP 地址，这种指定似乎将 Router1 接口 FastEthernet0/0 作为虚拟接入接口用于向终端传输 IP 分组的传输路径的下一跳。

Type	Network	Port	Next Hop IP	Metric
C	1.0.0.0/8	FastEthernet0/0	---	0/0
C	192.1.1.1/32	Virtual-Access1.1	1.1.1.1	0/0
C	192.1.1.2/32	Virtual-Access1.2	1.1.1.1	0/0
C	192.1.2.0/24	FastEthernet0/1	---	0/0
R	192.1.3.0/24	FastEthernet0/1	192.1.2.2	120/1

图 5.4　PC0 和 PC1 接入后的 Router1 路由表

5.1.5　命令行配置过程

1. Router1 命令行配置过程

```
Router>enable
Router#configure terminal
Router(config)#hostname Router1
Router1(config)#interface FastEthernet0/0
```

```
Router1(config-if)#no shutdown
Router1(config-if)#ip address 1.1.1.1 255.0.0.0
Router1(config-if)#exit
Router1(config)#interface FastEthernet0/1
Router1(config-if)#no shutdown
Router1(config-if)#ip address 192.1.2.1 255.255.255.0
Router1(config-if)#exit
Router1(config)#router rip
Router1(config-router)#network 192.1.2.0
Router1(config-router)#exit
Router1(config)#aaa new-model
Router1(config)#aaa authentication ppp a1 local
Router1(config)#username aaa1 password bbb1
Router1(config)#username aaa2 password bbb2
Router1(config)#vpdn enable
Router1(config)#vpdn-group b1
Router1(config-vpdn)#accept-dialin
Router1(config-vpdn-acc-in)#protocol pppoe
Router1(config-vpdn-acc-in)#virtual-template 1
Router1(config-vpdn-acc-in)#exit
Router1(config-vpdn)#exit
Router1(config)#ip local pool c1 192.1.1.1 192.1.1.14
Router1(config)#interface virtual-template 1
Router1(config-if)#ip unnumbered FastEthernet0/0
Router1(config-if)#peer default ip address pool c1
Router1(config-if)#ppp authentication chap a1
Router1(config-if)#exit
Router1(config)#interface FastEthernet0/0
Router1(config-if)#pppoe enable
Router1(config-if)#exit
```

2. Router2 命令行配置过程

```
Router>enable
Router#configure terminal
Router(config)#hostname Router2
Router2(config)#interface FastEthernet0/0
Router2(config-if)#no shutdown
Router2(config-if)#ip address 192.1.2.2 255.255.255.0
Router2(config)#interface FastEthernet0/1
Router2(config-if)#no shutdown
Router2(config-if)#ip address 192.1.3.254 255.255.255.0
Router2(config)#router rip
Router2(config-router)#network 192.1.2.0
Router2(config-router)#network 192.1.3.0
Router2(config-router)#exit
```

```
Router2(config)#ip route 192.1.1.0 255.255.255.240 192.1.2.1
```

3. 命令列表

路由器命令行配置过程中使用的命令及功能说明如表 5.1 所示。

表 5.1 命令列表

命 令 格 式	功能和参数说明
aaa new-model	启动 Cisco 鉴别、授权和计费（Authentication，Authorization and Accounting，AAA）接入控制模型
aaa authentication ppp｛default｜*list-name*｝*method1*［*method2*…］	为 PPP 定义鉴别机制列表,鉴别机制通过参数 *method* 指定。Packet Tracer 常用的鉴别机制有 local(本地)、group radius(radius 服务器统一鉴别)等。可以为定义的鉴别机制列表分配名字,参数 *list-name* 用于为该鉴别机制列表指定名字。Default 选项将该鉴别机制列表作为默认列表
ppp authentication ｛*protocol1*［*protocol2*…］｝［*list-name*｜default］	为 PPP 指定鉴别协议和鉴别机制,参数 *protocol* 用于指定鉴别协议,pap 和 chap 是 Packet Tracer 常用的鉴别协议。参数 *list-name* 用于指定鉴别机制列表。Default 选项指定默认鉴别机制列表
vpdn enable	启动虚拟专用拨号网络功能
vpdn-group *name*	创建由参数 *name* 指定的 VPDN 组,并进入 VPDN 组配置模式。VPDN 组配置模式下主要完成作用于该 VPDN 组的相关 VPDN 参数的配置
accept-dialin	启动拨号接入功能,并进入拨号接入配置模式
protocol｛any｜l2f｜l2tp｜pppoe｜pptp｝	指定拨号接入过程中所使用的协议
virtual-template *template-number*	为虚拟接入接口定义虚拟模板。参数 *template-number* 指定虚拟模板号
interface virtual-template *number*	创建虚拟模板,创建的虚拟模板将作用于动态创建的虚拟接入接口。参数 *number* 是虚拟模板编号
ip unnumbered *type number*	启动一个没有分配 IP 地址的接口的 IP 处理功能。如果该接口需要产生并发送报文,使用由参数 *type number* 指定的接口的 IP 地址
pppoe enable	启动以太网接口创建 PPPoE 会话的功能
ip local pool｛default｜*poolname*｝［*low-ip-address*［*high-ip-address*］］	定义 IP 地址池,参数 *low-ip-address* 和 *high-ip-address* 用于确定 IP 地址池的地址范围。可以为该地址池分配名字 *poolname*,也可以通过选项 default 将该地址池指定为默认地址池
peer default ip address｛*ip-address*｜dhcp｜pool［*pool-name*］｝	确定虚拟接入接口另一端的 IP 地址获取方式,用参数 *ip-address* 指定 IP 地址。通过选项 dhcp 指定通过 DHCP 服务器获得。通过选项 pool 指定通过地址池获得。如果没有指定地址池名 *pool-name*,选择默认地址池

5.2 家庭局域网宽带接入实验

5.2.1 实验目的

一是掌握家庭局域网设计和配置过程。二是掌握无线局域网设计和配置过程。三是掌握宽带接入网络设计和配置过程。四是验证家庭局域网接入 Internet 过程。

5.2.2 实验原理

家庭局域网接入 Internet 过程如图 5.5 所示。与终端宽带接入 Internet 不同,由边缘路由器互连家庭局域网和接入网。边缘路由器可以通过以太网接口直接用双绞线缆连接家庭局域网中的终端,也可以作为无线接入点(AP)连接家庭局域网中的无线终端,因此,家庭局域网中可以包含以太网连接的终端,也可以包含无线终端。边缘路由器通过以太网接入 Internet。对于接入控制设备路由器 R1,边缘路由器等同于用户终端,同样需要通过启动 PPPoE 连接程序接入 Internet,因此,家庭局域网宽带接入环境下 R1 的配置和终端宽带接入环境下 R1 的配置完全相同。对于家庭局域网中的终端,边缘路由器是互连家庭局域网和接入网络的路由器,通过端口地址转换(Port Address Translation ,PAT)功能完成家庭局域网中终端本地 IP 地址与边缘路由器连接接入网络接口的全球 IP 地址之间的转换,同时边缘路由器可以通过建立静态的全局端口号与家庭局域网中终端本地 IP 地址之间的映射,允许 Internet 终端发起访问家庭局域网中的 Web 服务器。

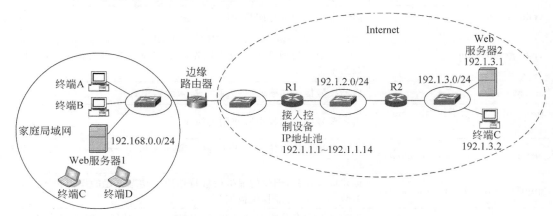

图 5.5　家庭局域网接入 Internet 过程

1. 边缘路由器 PPPoE 配置

路由器 R1 的配置过程与 5.1 节完全相同。对于路由器 R1 而言,边缘路由器等同于 5.1 节中的用户终端,因此边缘路由器需要通过启动 PPPoE 宽带连接程序完成接入过程。为成功完成接入过程,需要为边缘路由器配置授权用户的用户名和口令。

2. DHCP 配置

家庭局域网中的终端通过 DHCP 服务器自动获取网络信息,将边缘路由器配置为 DHCP 服务器,由边缘路由器自动为家庭局域网中的终端配置本地 IP 地址。

3. 无线局域网配置

边缘路由器作为 AP 对无线终端接入家庭局域网的过程实施控制。通过为 AP 和无线终端配置鉴别协议和密钥,只允许授权接入家庭局域网的无线终端与 AP 建立关联。

4. 启动 PAT

终端宽带接入环境下,每一个成功接入 Internet 的终端分配一个全球 IP 地址,该终端用该全球 IP 地址与 Internet 中的终端通信。家庭局域网宽带接入环境下,接入控制设备只给边缘路由器分配单个全球 IP 地址,家庭局域网中的终端配置本地 IP 地址,配置本地 IP 地址的家庭局域网中终端无法与 Internet 中的终端通信。为了实现家庭局域网中终端与 Internet 中终端的通信过程,所有家庭局域网中的终端用分配给边缘路由器的全球 IP 地址作为对外通信用的 IP 地址。为了用单个全球 IP 地址实现家庭局域网中所有终端同时对外通信的功能,必须用全局端口号或全局标识符唯一标识家庭局域网中的终端。因此,家庭局域网中的终端与 Internet 中的终端通信时,必须在边缘路由器创建终端本地 IP 地址和原来源端口号(或原来标识符)与全局端口号(或全局标识符)之间映射。Internet 中的终端用该全局端口号或全局标识符唯一标识该家庭局域网中的终端。上述过程通过 PAT 实现。一般情况下,边缘路由器的 PAT 功能是自动开启的。

5.2.3　实验步骤

(1) 为无线终端安装无线网卡。单击 Laptop0,弹出 Laptop0 配置界面,选择物理配置选项,关掉主机电源,将原来安装在主机上的以太网网卡拖到 PC-LAPTOP-NM-1CFE 模块处,然后将模块 Linksys-WPC300N 拖到主机原来安装以太网网卡的位置,如图 5.6 所示。模块 Linksys-WPC300N 是支持 2.4GHz 频段的 802.11、802.11b 和 802.11g 标准的无线网卡。重新打开主机电源。

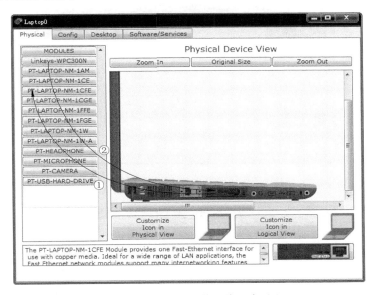

图 5.6　无线终端安装无线网卡过程

(2) 在逻辑工作区根据图 5.5 所示的网络结构放置和连接设备,完成设备放置和连接后的逻辑工作区界面如图 5.7 所示。

(3) 配置边缘路由器的 PPPoE 连接程序,配置界面如图 5.8 所示,输入用户名和口令,如<aaa1,bbb1>。完成配置后,PPPoE 连接程序将定期发起连接过程。

(4) 配置边缘路由器的 DHCP 服务器,指定 IP 地址池中的私有 IP 地址范围为 192.168.0.100~192.168.0.149。边缘路由器 DHCP 服务器配置界面如图 5.9 所示。

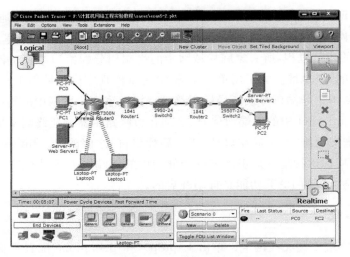

图 5.7　放置和连接设备后的逻辑工作区界面

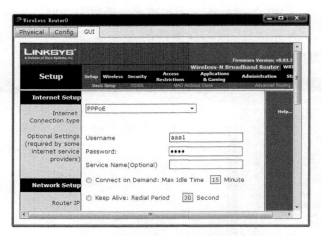

图 5.8　边缘路由器 PPPoE 配置界面

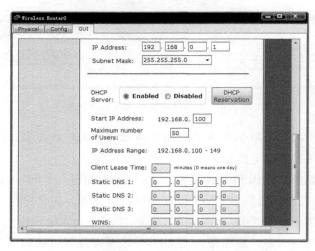

图 5.9　边缘路由器 DHCP 服务器配置界面

(5) 边缘路由器配置无线安全协议和密钥的界面如图 5.10 所示,选择 WPA2-PSK 为鉴别协议,将密钥配置为 1234567890。无线终端的鉴别协议与密钥必须与边缘路由器相同。无线终端无线安全协议和密钥的配置界面如图 5.11 所示。

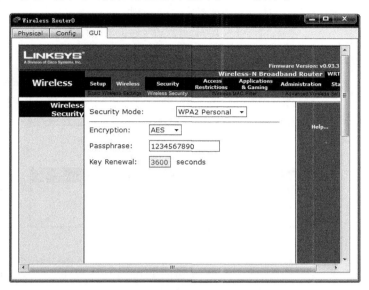

图 5.10　边缘路由器配置无线安全协议和密钥的界面

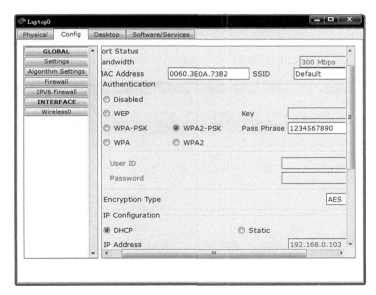

图 5.11　无线终端配置无线安全协议和密钥的界面

(6) 边缘路由器完成宽带连接过程后,由接入控制设备 Router1 为边缘路由器分配全球 IP 地址,并在路由表中建立相应的路由项。边缘路由器接入 Internet 后,边缘路由器、Router1 和 Router2 的路由表如图 5.12~图 5.14 所示。

(7) 家庭局域网中终端访问 Internet 时,使用 Router1 分配给边缘路由器的全球 IP 地址,同时需在 NAT 表中建立用于在家庭局域网内唯一标识该终端的全局端口号与终端本

Routing Table for Wireless Router0				
Type	Network	Port	Next Hop IP	Metric
C	192.1.1.1/32	Internet	---	0/0
C	192.168.0.0/24	Vlan1	---	0/0
S	0.0.0.0/0	---	1.1.1.1	1/0
S	1.1.1.1/32	Internet	---	1/0

图 5.12　接入 Internet 后边缘路由器路由表

Routing Table for Router1				
Type	Network	Port	Next Hop IP	Metric
C	1.0.0.0/8	FastEthernet0/0	---	0/0
C	192.1.1.1/32	Virtual-Access1.1	1.1.1.1	0/0
C	192.1.2.0/24	FastEthernet0/1	---	0/0
R	192.1.3.0/24	FastEthernet0/1	192.1.2.2	120/1

图 5.13　接入 Internet 后 Router1 路由表

Routing Table for Router2				
Type	Network	Port	Next Hop IP	Metric
C	192.1.2.0/24	FastEthernet0/0	---	0/0
C	192.1.3.0/24	FastEthernet0/1	---	0/0
S	192.1.1.0/28	---	192.1.2.1	1/0

图 5.14　Router2 路由表

地 IP 地址之间的映射。图 5.15 所示是 PC0 访问 Internet 中 Web Server2 的界面。家庭局域网中终端 PC0、PC1、Laptop0 和 Laptop1 访问 Internet 中 Web Server2 后,边缘路由器建立图 5.16 所示的 NAT 表。由于 PC0 和 PC1 选择相同的源端口号 1025,边缘路由器为了用源端口号区分家庭局域网中的终端,分别用家庭局域网内唯一的源端口 1024 和 1025 替换 PC0 和 PC1 的原始源端口号,并在 NAT 表中建立家庭局域网内唯一的源端口号(全局端口号)与 PC0 和 PC1 本地 IP 地址之间的映射。

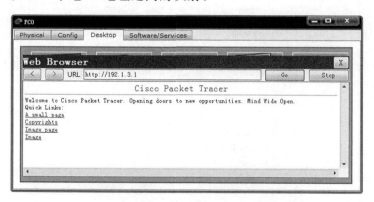

图 5.15　PC0 访问 Web Server2 界面

NAT Table for Wireless Router0				
Protocol	Inside Global	Inside Local	Outside Local	Outside Global
tcp	192.1.1.1:1024	192.168.0.103:1025	192.1.3.1:80	192.1.3.1:80
tcp	192.1.1.1:1025	192.168.0.100:1025	192.1.3.1:80	192.1.3.1:80
tcp	192.1.1.1:1026	192.168.0.102:1026	192.1.3.1:80	192.1.3.1:80
tcp	192.1.1.1:1027	192.168.0.102:1027	192.1.3.1:80	192.1.3.1:80
tcp	192.1.1.1:1028	192.168.0.104:1025	192.1.3.1:80	192.1.3.1:80
tcp	192.1.1.1:80	192.168.0.101:80	---	---
tcp	192.1.1.1:80	192.168.0.101:80	192.1.3.2:1026	192.1.3.2:1026
tcp	192.1.1.1:8080	192.1.1.1:80	---	---

图 5.16　边缘路由器 NAT 表

　　（8）图 5.5 所示网络结构中,只允许家庭局域网中的终端发起访问 Internet 中的终端和服务器,不允许 Internet 中的终端发起访问家庭局域网中的终端和服务器,但边缘路由器通过静态建立本地 IP 地址与全局端口号之间的映射,可以允许 Internet 中的终端以全局端口号为目的端口号,以 Router1 分配给边缘路由器的全球 IP 地址为目的 IP 地址发起访问家庭局域网中的终端和服务器。图 5.17 所示是家庭局域网中服务器 Web Server1 的网络信息,其本地 IP 地址为 192.168.101。图 5.18 所示的边缘路由器配置界面将全局端口号 80 与本地 IP 地址 192.168.0.101 绑定在一起,边缘路由器只要接收到目的 IP 地址为 Router1 分配给边缘路由器的全球 IP 地址 192.1.1.1,目的端口号为 80 的 TCP 报文,将该

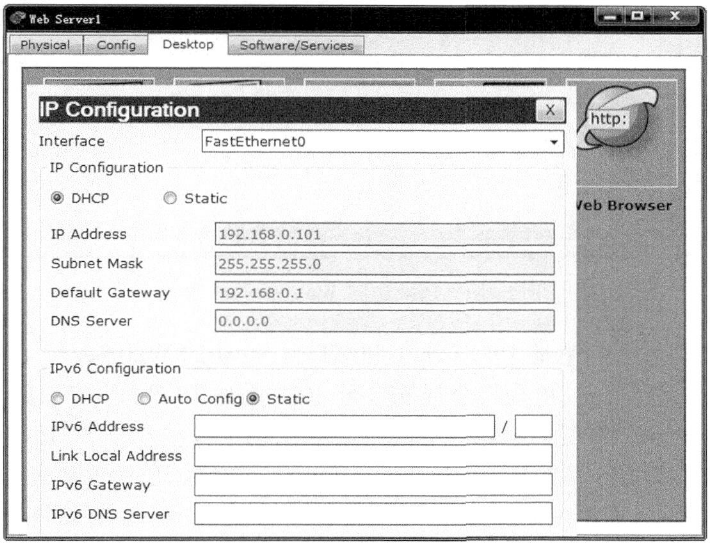

图 5.17　Web Server1 网络信息

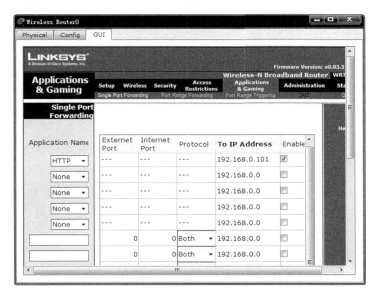

图 5.18　建立全局端口号与本地 IP 地址之间的静态映射

TCP 报文转发给本地 IP 地址为 192.168.0.101 的 Web Server1。图 5.19 所示是 PC2 通过输入 IP 地址 192.1.1.1 和端口号 80(端口号 80 由应用层协议 HTTP 指定)访问到 Web Server1 的界面。

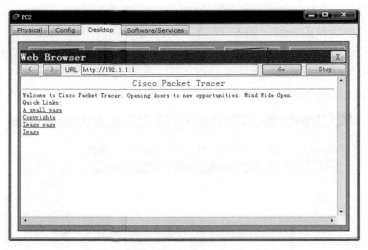

图 5.19 PC2 访问 Web Server1 界面

(9) PC2 通过输入 IP 地址 192.1.1.1 和端口号 80 访问 Web Server1 后,边缘路由器的 NAT 表如图 5.20 所示。一项是将全局端口号 80 与本地 IP 地址 192.168.0.101 绑定在一起的静态映射,一项是 PC2 通过输入 IP 地址 192.1.1.1 和端口号 80 访问 Web Server1 时建立的动态映射。值得强调的是,由于 Web Server1 的本地 IP 地址通过 DHCP 获得,因此不是固定的。同样,边缘路由器的全球 IP 地址由路由器 Router1 动态分配,也不是固定的,所以 Internet 中的终端无法通过固定的全球 IP 地址访问家庭局域网中的 Web Server1。

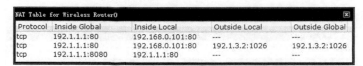

图 5.20 本地 IP 地址与全局端口号之间映射

5.3 企业局域网宽带接入实验

5.3.1 实验目的

一是掌握企业局域网设计和配置过程。二是掌握无线局域网设计和配置过程。三是掌握宽带接入网络设计和配置过程。四是掌握专线接入技术。五是掌握边缘路由器静态 IP 地址配置过程。六是验证企业局域网接入 Internet 过程。

5.3.2 实验原理

企业局域网接入 Internet 过程如图 5.21 所示。与家庭局域网接入 Internet 的过程相比,有如下不同:一是边缘路由器与接入控制设备之间采取专线连接和静态 IP 地址分配方式,边缘路由器不再通过 PPPoE 完成接入过程。二是存在 Internet 终端访问企业局域网中服务器的需求,需要实现 Internet 终端访问企业网中服务器的功能。

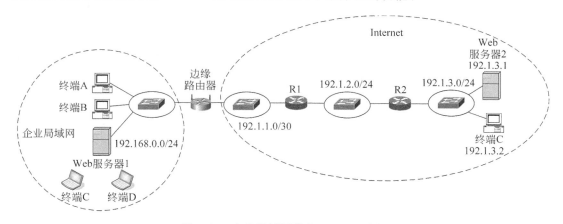

图 5.21 企业局域网接入 Internet 过程

1. 配置边缘路由器静态 IP 地址

企业局域网一般申请专线接入和静态 IP 地址,由 ISP 向企业局域网分配静态 IP 地址和默认网关地址,边缘路由器需要选择静态 IP 地址接入方式,并配置 IP 地址和默认网关地址。

2. 建立企业网 Web 服务器本地 IP 地址与全局端口号之间映射

为了建立 Web 服务器本地 IP 地址与全局端口号之间映射,需要为企业网中的 Web 服务器静态配置本地 IP 地址。

3. 路由器 R1 不需具备接入控制功能

路由器 R1 作为普通路由器使用,不需具备接入控制功能,路由器 R1 连接作为接入网络的以太网接口的 IP 地址成为边缘路由器的默认网关地址。

5.3.3 实验步骤

(1)启动 Packet Tracer,在逻辑工作区根据图 5.21 所示的网络结构放置和连接设备,完成设备放置和连接后的逻辑工作区界面如图 5.22 所示。

(2)配置边缘路由器的静态 IP 地址接入方式,配置界面如图 5.23 所示,边缘路由器的 IP 地址、子网掩码和默认网关地址由 ISP 分配。

(3)配置路由器 Router1 和 Router2 各个接口的 IP 地址和子网掩码,在路由器 Router1 和 Router2 中启动 RIP 路由进程,指定参与 RIP 创建动态路由项过程的路由器接口和路由器直接连接的网络。边缘路由器、Router1 和 Router2 最终生成的路由表如图 5.24~图 5.26 所示。

(4)企业网中作为 Web 服务器的 Server0 静态配置本地 IP 地址,配置界面如图 5.27 所示。为了使 Internet 中的终端能够访问企业网中的 Web 服务器,在边缘路由器将该 Web 服务器的本地 IP 地址与全局端口号 80 绑定在一起。建立本地 IP 地址与全局端口号之间静态映射的界面如图 5.28 所示。

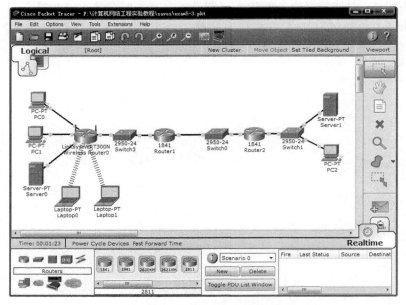

图 5.22　放置和连接设备后的逻辑工作区界面

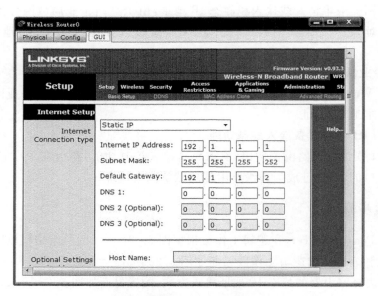

图 5.23　边缘路由器静态 IP 地址接入方式配置界面

Type	Network	Port	Next Hop IP	Metric
C	192.1.1.0/30	Internet	---	0/0
C	192.168.0.0/24	Vlan1	---	0/0
S	0.0.0.0/0	---	192.1.1.2	1/0
S	192.1.1.2/32	Internet	---	1/0

图 5.24　边缘路由器路由表

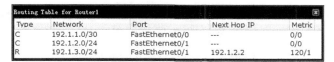

图 5.25　路由器 Router1 路由表

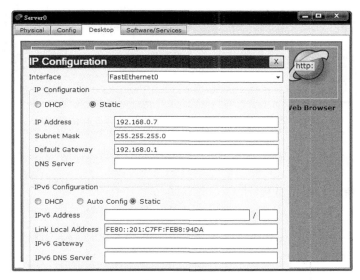

图 5.26　路由器 Router2 路由表

图 5.27　企业网中 Server0 静态配置 IP 地址界面

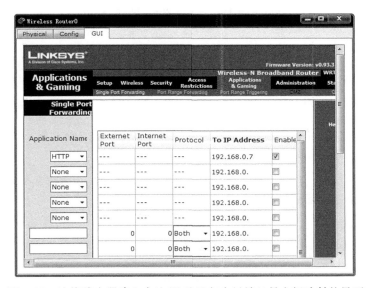

图 5.28　边缘路由器建立本地 IP 地址与全局端口号之间映射的界面

（5）图 5.29 所示是 PC2 通过输入 IP 地址 192.1.1.1 和端口号 80（端口号 80 由应用层协议 HTTP 指定）访问到企业网中 Web 服务器的界面。

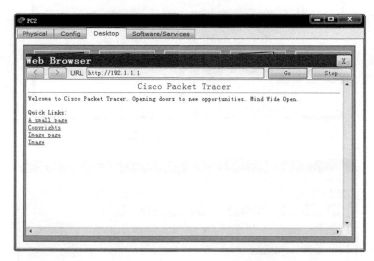

图 5.29　PC2 成功访问企业网中 Web 服务器的界面

5.3.4　命令行配置过程

1. Router1 命令行配置过程

```
Router>enable
Router#configure terminal
Router(config)#hostname Router1
Router1(config)#interface FastEthernet0/0
Router1(config-if)#no shutdown
Router1(config-if)#ip address 192.1.1.2 255.255.255.252
Router1(config-if)#exit
Router1(config)#interface FastEthernet0/1
Router1(config-if)#no shutdown
Router1(config-if)#ip address 192.1.2.1 255.255.255.0
Router1(config-if)#exit
Router1(config)#router rip
Router1(config-router)#network 192.1.1.0
Router1(config-router)#network 192.1.2.0
Router1(config-router)#exit
```

2. Router2 命令行配置过程

```
Router>enable
Router#configure terminal
Router(config)#hostname Router2
Router2(config)#interface FastEthernet0/0
Router2(config-if)#no shutdown
```

```
Router2(config-if)#ip address 192.1.2.2 255.255.255.0
Router2(config-if)#exit
Router2(config)#interface FastEthernet0/1
Router2(config-if)#no shutdown
Router2(config-if)#ip address 192.1.3.254 255.255.255.0
Router2(config-if)#exit
Router2(config)#router rip
Router2(config-router)#network 192.1.2.0
Router2(config-router)#network 192.1.3.0
Router2(config-router)#exit
```

5.4 统一鉴别实验

5.4.1 实验目的

一是掌握综合接入网络的设计和配置过程。二是掌握统一鉴别方式下接入控制设备的配置过程。三是掌握 AAA 服务器的配置过程。四是掌握无线局域网安全协议配置过程。五是验证统一鉴别方式下的接入过程。

5.4.2 实验原理

本地鉴别机制需要在接入控制设备创建所有允许通过该接入控制设备接入 Internet 的授权用户(用户名和口令),如果某个用户需要通过不同的接入控制设备接入 Internet,这些接入控制设备都需创建该授权用户。这样做不仅麻烦,而且不利于统一管理,因此实际应用中配置统一的鉴别服务器——AAA 服务器,接入控制设备接收到用户的身份鉴别请求后,向鉴别服务器转发该身份鉴别请求。由于接入控制设备和鉴别服务器之间通过公共网络互连,因此需要将用户提供的鉴别信息加密后传输给鉴别服务器。接入控制设备需配置鉴别服务器地址和加密用户鉴别信息的共享密钥,每一个接入控制设备可以采用不同的共享密钥。鉴别服务器中统一创建允许接入 Internet 的所有授权用户,因此授权用户可以通过任意接入控制设备接入 Internet。

图 5.30 中路由器 R1、R3 和 R5 为接入控制设备,边缘路由器 0 采用 PPPoE 接入方式,边缘路由器 1 采用静态 IP 地址接入方式。路由器 R1、R3 和边缘路由器 1 采用统一鉴别方式,向统一鉴别服务器(AAA 服务器)转发用户、边缘路由器 0 或无线终端发送的身份鉴别请求。

1. 配置鉴别服务器

鉴别服务器中,一是需要创建授权用户,在鉴别服务器中,统一为所有授权接入 Internet 的用户配置用户名和口令。二是分别指定路由器 R1、R3 和边缘路由器 1 与其交换鉴别信息时使用的 IP 地址和加密密钥。

2. 配置接入控制设备和边缘路由器 1

路由器 R1、R3 和边缘路由器 1 中,一是需要将鉴别方式定义为统一鉴别方式,二是需要配置鉴别服务器的 IP 地址,三是需要定义与鉴别服务器交换鉴别信息时使用的加密密钥。

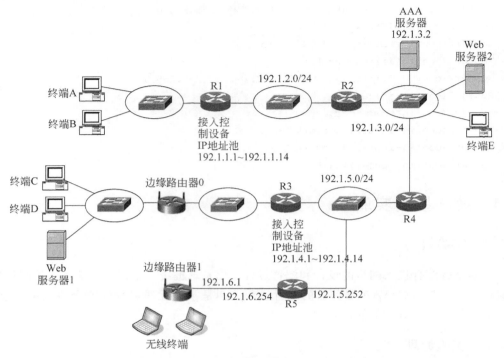

图 5.30　统一鉴别方式下 Internet 接入过程

5.4.3　关键命令说明

1. 配置接入控制设备鉴别方式

```
Router(config)#aaa new-model
Router(config)#aaa authentication ppp a1 group radius
```

命令 aaa authentication ppp a1 group radius 是全局模式下使用的命令,该命令的作用是创建名为 a1 的鉴别机制列表,鉴别机制列表中指定的鉴别方式是采用基于 RADIUS 协议的统一鉴别方式。

2. 配置鉴别服务器地址和加密密钥

```
Router(config)#radius-server host 192.1.3.2
Router(config)#radius-server key router1
```

命令 radius-server host 192.1.3.2 是全局模式下使用的命令,该命令的作用是给出基于 RADIUS 协议的鉴别服务器的 IP 地址 192.1.3.2。

命令 radius-server key router1 是全局模式下使用的命令,该命令的作用是指定用于相互鉴别接入控制设备与鉴别服务器身份,并加密接入控制设备与鉴别服务器之间传输的鉴别信息的共享密钥 router1。

5.4.4　实验步骤

(1) 启动 Packet Tracer,在逻辑工作区根据图 5.30 所示的网络结构放置和连接设备,完成设备放置和连接后的逻辑工作区界面如图 5.31 所示。

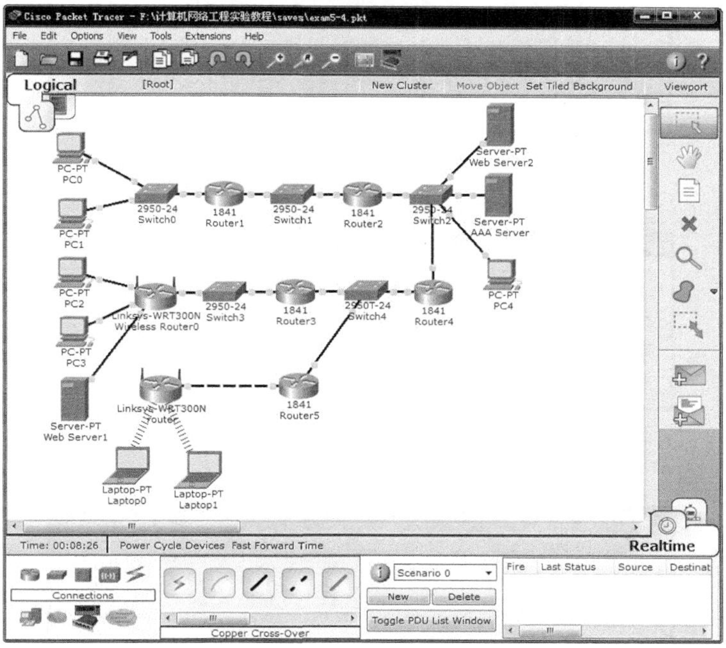

图 5.31　放置和连接设备后的逻辑工作区界面

(2) 完成路由器接口 IP 地址和子网掩码配置，完成各个路由器路由协议配置和静态路由项配置。需要指出的是，除了 RIP 生成的动态路由项外，各个路由器还需配置用于指明通往网络 192.1.1.0/28 和 192.1.4.0/28 传输路径的静态路由项。网络 192.1.1.0/28 是路由器 Router1 配置的 IP 地址池，网络 192.1.4.0/28 是路由器 Router3 配置的 IP 地址池。各个路由器生成的路由表如图 5.32～图 5.37 所示。其中图 5.32 是终端 PC0 和 PC1 接入 Internet 前路由器 Router1 的路由表，图 5.33 是终端 PC0 和 PC1 接入 Internet 后路由器 Router1 的路由表。

Routing Table for Router1

Type	Network	Port	Next Hop IP	Metric
C	1.0.0.0/8	FastEthernet0/0	---	0/0
C	192.1.2.0/24	FastEthernet0/1	---	0/0
R	192.1.3.0/24	FastEthernet0/1	192.1.2.253	120/1
R	192.1.5.0/24	FastEthernet0/1	192.1.2.253	120/2
R	192.1.6.0/24	FastEthernet0/1	192.1.2.253	120/3
S	192.1.4.0/28	---	192.1.2.253	1/0

图 5.32　PC0、PC1 接入 Internet 前的 Router1 路由表

Routing Table for Router1

Type	Network	Port	Next Hop IP	Metric
C	1.0.0.0/8	FastEthernet0/0	---	0/0
C	192.1.1.1/32	Virtual-Access1.1	1.1.1.1	0/0
C	192.1.1.2/32	Virtual-Access1.2	1.1.1.1	0/0
C	192.1.2.0/24	FastEthernet0/1	---	0/0
R	192.1.3.0/24	FastEthernet0/1	192.1.2.253	120/1
R	192.1.5.0/24	FastEthernet0/1	192.1.2.253	120/2
R	192.1.6.0/24	FastEthernet0/1	192.1.2.253	120/3
S	192.1.4.0/28	---	192.1.2.253	1/0

图 5.33　PC0、PC1 接入 Internet 后的 Router1 路由表

图 5.34 Router2 路由表

图 5.35 边缘路由器接入 Internet 后的 Router3 路由表

图 5.36 Router4 路由表

图 5.37 Router5 路由表

（3）完成鉴别服务器配置。图 5.38 所示是鉴别服务器配置界面，需要配置两部分内容：一是配置作为网络接入服务器（Network Access Server，NAS）的 Router1、Router3 和边缘路由器 router 的相关信息，Router1 和 Router3 的客户端名字（ClientName）通过命令 hostname router 确定，边缘路由器 router 的客户端名字（ClientName）通过配置界面配置。客户端 IP 地址（ClientIP）是 Router1、Router3 和边缘路由器 router 向 AAA 服务器发送 RADIUS 报文时，用于输出 RADIUS 报文的接口的 IP 地址。Router1 和 Router3 使用的密钥（secret）分别通过命令确定，边缘路由器 router 使用的密钥通过图 5.39 所示的配置界面确定。二是配置授权用户信息，这里配置了 5 个授权用户的用户名和口令。

（4）完成 Router1 和 Router3 与接入控制相关的配置，完成 Router1、Router3 和边缘路由器 router 有关鉴别服务器地址和加密密钥的配置。图 5.39 所示是边缘路由器 router 配置无线接入安全协议、鉴别服务器和加密密钥的界面。一旦选择安全协议 WPA2 Enterprise，无线终端需要进行基于用户的接入控制过程，每一个无线终端需要提供已经在

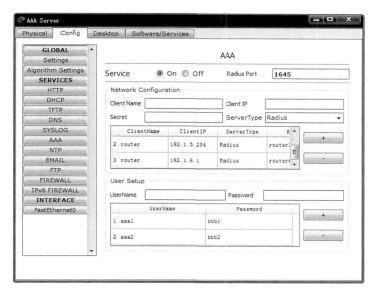

图 5.38　鉴别服务器配置界面

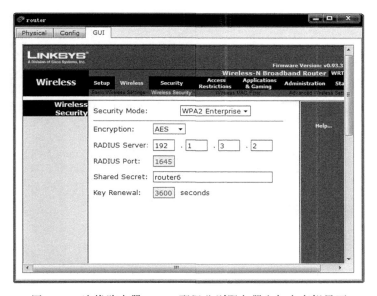

图 5.39　边缘路由器 router 配置鉴别服务器和加密密钥界面

鉴别服务器中配置的授权用户的用户名和口令。图 5.40 所示是无线终端安全协议和鉴别信息配置过程。设定的用户名和口令是鉴别服务器中已经配置过的 aaa4 和 bbb4。

（5）完成 Router1 和 Router3 与接入控制相关的配置后，终端 PC0、PC1 和边缘路由器 Wireless Router0 可以启动 PPPoE 连接程序，边缘路由器 Wireless Router0 PPPoE 连接程序配置界面如图 5.41 所示。终端 PC0、PC1 手工启动 PPPoE 连接程序，边缘路由器 Wireless Router0 定期启动 PPPoE 连接过程。

（6）边缘路由器 router 采用静态 IP 地址接入方式，静态 IP 地址接入方式配置界面如

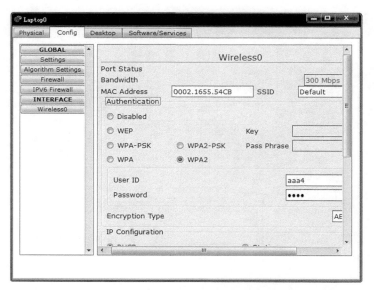

图 5.40　无线终端配置安全协议和鉴别信息界面

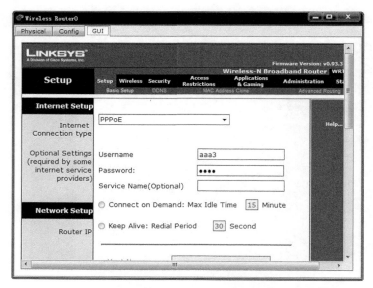

图 5.41　边缘路由器 Wireless Router0 配置 PPPoE 连接程序界面

图 5.42 所示。边缘路由器 Wireless Router0 和 router 接入 Internet 后的路由表如图 5.43
和图 5.44 所示。

5.4.5　命令行配置过程

1. Router1 命令行配置过程

```
Router>enable
Router#configure terminal
Router(config)#hostname Router1
```

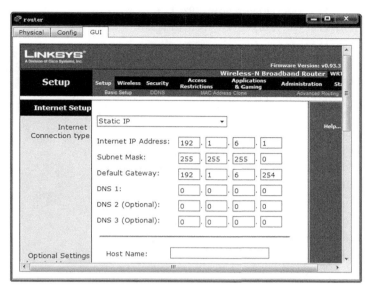

图 5.42　边缘路由器 router 配置静态 IP 地址接入方式界面

Type	Network	Port	Next Hop IP	Metric
C	192.1.4.1/32	Internet	---	0/0
C	192.168.0.0/24	Vlan1	---	0/0
S	0.0.0.0/0	---	2.2.2.2	1/0
S	2.2.2.2/32	Internet	---	1/0

图 5.43　边缘路由器 Wireless Router0 路由表

Type	Network	Port	Next Hop IP	Metric
C	192.1.6.0/24	Internet	---	0/0
C	192.168.0.0/24	Vlan1	---	0/0
S	0.0.0.0/0	---	192.1.6.254	1/0
S	192.1.6.254/32	Internet	---	1/0

图 5.44　边缘路由器 router 路由表

```
Router1(config)#interface FastEthernet0/0
Router1(config-if)#no shutdown
Router1(config-if)#ip address 1.1.1.1 255.0.0.0
Router1(config-if)#exit
Router1(config)#interface FastEthernet0/1
Router1(config-if)#ip address 192.1.2.254 255.255.255.0
Router1(config-if)#no shutdown
Router1(config-if)#exit
Router1(config)#router rip
Router1(config-router)#network 192.1.2.0
Router1(config-router)#exit
Router1(config)#ip route 192.1.4.0 255.255.255.240 192.1.2.253
Router1(config)#aaa new-model
Router1(config)#aaa authentication ppp a1 group radius
```

```
Router1(config)#radius-server host 192.1.3.2
Router1(config)#radius-server key router1
Router1(config)#hostname router
router(config)#vpdn enable
router(config)#vpdn-group b1
router(config-vpdn)#accept-dialin
router(config-vpdn-acc-in)#protocol pppoe
router(config-vpdn-acc-in)#virtual-template 1
router(config-vpdn-acc-in)#exit
router(config-vpdn)#exit
router(config)#ip local pool c1 192.1.1.1 192.1.1.14
router(config)#interface virtual-template 1
router(config-if)#ip unnumbered FastEthernet0/0
router(config-if)#peer default ip address pool c1
router(config-if)#ppp authentication chap a1
router(config-if)#exit
router(config)#interface FastEthernet0/0
router(config-if)#pppoe enable
router(config-if)#exit
```

2. Router2 命令行配置过程

```
Router>enable
Router#configure terminal
Router(config)#hostname Router2
Router2(config)#interface FastEthernet0/0
Router2(config-if)#no shutdown
Router2(config-if)#ip address 192.1.2.253 255.255.255.0
Router2(config-if)#exit
Router2(config)#interface FastEthernet0/1
Router2(config-if)#no shutdown
Router2(config-if)#ip address 192.1.3.254 255.255.255.0
Router2(config-if)#exit
Router2(config)#router rip
Router2(config-router)#network 192.1.2.0
Router2(config-router)#network 192.1.3.0
Router2(config-router)#exit
Router2(config)#ip route 192.1.1.0 255.255.255.240 192.1.2.254
Router2(config)#ip route 192.1.4.0 255.255.255.240 192.1.3.253
```

3. Router5 命令行配置过程

```
Router>enable
Router#configure terminal
Router(config)#hostname Router5
Router5(config)#interface FastEthernet0/0
Router5(config-if)#no shutdown
```

```
Router5(config-if)#ip address 192.1.5.252 255.255.255.0
Router5(config-if)#exit
Router5(config)#interface FastEthernet0/1
Router5(config-if)#no shutdown
Router5(config-if)#ip address 192.1.6.254 255.255.255.0
Router5(config-if)#exit
Router5(config)#router rip
Router5(config-router)#network 192.1.5.0
Router5(config-router)#network 192.1.6.0
Router5(config-router)#exit
Router5(config)#ip route 192.1.1.0 255.255.255.240 192.1.5.253
Router5(config)#ip route 192.1.4.0 255.255.255.240 192.1.5.254
```

其他路由器命令行配置过程与此相似,不再赘述。

4. 命令列表

路由器命令行配置过程中使用的命令及功能说明如表 5.2 所示。

表 5.2　命令列表

命 令 格 式	功能和参数说明
radius-server host *ip-address*	指定基于 RADIUS 协议的鉴别服务器 IP 地址,参数 *ip-address* 用于给出鉴别服务器 IP 地址
radius-server key *string*	指定用于相互鉴别路由器和鉴别服务器身份,以及加密路由器和鉴别服务器之间传输的鉴别信息的共享密钥。参数 *string* 指定共享密钥。路由器和鉴别服务器必须配置相同的共享密钥,但不同的路由器与鉴别服务器对可以配置不同的共享密钥

第6章 VPN 设计实验

VPN 的本质是实现由公共网络互连的多个分配私有 IP 地址的内部子网之间,以及远程终端与内部子网之间的安全通信,实施步骤分为建立点对点 IP 隧道,实现 IP 隧道的安全通信,远程接入内部子网等。

6.1 点对点 IP 隧道配置实验

6.1.1 实验目的

一是掌握虚拟专用网络设计过程。二是掌握点对点 IP 隧道配置过程。三是掌握公共网络路由项建立过程。四是掌握内部网络路由项建立过程。五是验证公共网络隧道两端之间传输路径建立过程。六是验证基于隧道实现的内部子网之间 IP 分组传输过程。

6.1.2 实验原理

VPN 物理结构如图 6.1(a)所示。路由器 R4、R5 和 R6 构成公共网络,边缘路由器 R1、R2 和 R3 一端连接内部子网,一端连接公共网络。由于公共网络无法传输以私有 IP 地址(私有 IP 地址也称为本地 IP 地址)为源和目的 IP 地址的 IP 分组,因此由公共网络互连的多个分配私有 IP 地址的内部子网之间无法直接实现通信过程。为了实现被公共网络分隔的多个内部子网之间的通信过程,需要建立以边缘路由器连接公共网络的接口为两端的点对点 IP 隧道,并为点对点 IP 隧道两端分配私有 IP 地址。这样,图 6.1(a)所示的物理结构转变为图 6.1(b)所示的逻辑结构,点对点 IP 隧道成为互连边缘路由器的点对点链路,边缘路由器之间能够通过点对点 IP 隧道直接传输以私有 IP 地址为源和目的 IP 地址的 IP 分组。点对点 IP 隧道经过公共网络,因此需要通过隧道技术实现以私有 IP 地址为源和目的 IP 地址的 IP 分组经过公共网络的传输过程。

1. 公共网络 OSPF 配置

公共网络包含路由器 R4、R5 和 R6 连接的所有网络,以及边缘路由器连接公共网络的接口,将公共网络定义为单个 OSPF 区域,建立用于指明边缘路由器连接公共网络接口之间传输路径的路由项。

2. 点对点 IP 隧道配置

实现分配私有 IP 地址的内部子网之间互连的 VPN 逻辑结构如图 6.1(b)所示,关键是经过公共网络创建实现边缘路由器 R1、R2 和 R3 之间两两互连的点对点 IP 隧道。创建图 6.1(b)所示的点对点 IP 隧道后,每一个边缘路由器一端连接内部子网,另外两端通过点对点 IP 隧道连接其他两个边缘路由器。

3. 内部子网 RIP 配置

如图 6.1(b)所示,三个分配私有 IP 地址的内部子网连接在三个不同的边缘路由器上,

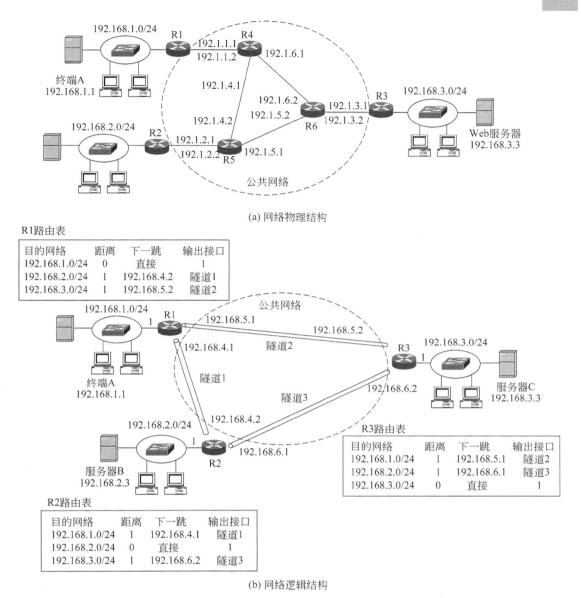

(a) 网络物理结构

(b) 网络逻辑结构

图 6.1　VPN 结构

因此每一个边缘路由器需要建立用于指明通往没有与其直接连接的内部子网的传输路径的路由项,这些路由项可以通过 RIP 路由进程创建。图 6.1(b)中给出了这些路由项。

值得指出的是,边缘路由器一是需要配置两种类型的路由进程,一种路由进程是 OSPF 路由进程,用于创建边缘路由器连接公共网络接口之间的传输路径,这些传输路径是建立点对点 IP 隧道的基础。另一种是 RIP 路由进程,该路由进程基于边缘路由器之间的点对点 IP 隧道创建内部子网之间的传输路径。二是路由表中存在多种类型的路由项,第一种是直连路由项,包括物理接口直接连接的网络(如路由器 R1 物理接口连接的网络 192.168.1.0/24 和 192.1.1.0/24)和隧道接口直接连接的网络(如路由器 R1 隧道 1 连接的网络 192.168.4.

0/24 和隧道 2 连接的网络 192.168.5.0/24)。第二种是 OSPF 创建的动态路由项。第三种是 RIP 创建的动态路由项。

6.1.3　关键命令说明

配置 IP 隧道的命令序列如下：

```
Router(config)#interface tunnel 1
Router(config-if)#ip address 192.168.4.1 255.255.255.0
Router(config-if)#tunnel source FastEthernet0/1
Router(config-if)#tunnel destination 192.1.2.1
Router(config-if)#exit
```

命令 interface tunnel 1 是全局模式下使用的命令，该命令的作用一是创建编号为 1 的 IP 隧道接口，二是进入该隧道接口的隧道接口配置模式。

命令 ip address 192.168.4.1 255.255.255.0 是隧道接口配置模式下使用的命令，为隧道接口配置 IP 地址 192.168.4.1 和子网掩码 255.255.255.0。路由器将隧道接口等同于普通物理接口，如以太网接口。

命令 tunnel source FastEthernet0/1 是隧道接口配置模式下使用的命令，用于指定本路由器所连接的隧道一端(称为隧道源端)的全球 IP 地址。该命令通过指定路由器连接公共网络的物理接口确定隧道源端的全球 IP 地址为该物理接口配置的全球 IP 地址。

命令 tunnel destination 192.1.2.1 是隧道接口配置模式下使用的命令，用于指定隧道另一端(目的端)的全球 IP 地址。该 IP 地址是作为隧道另一端的边缘路由器连接公共网络接口的全球 IP 地址。

隧道两端分别是边缘路由器连接公共网络的接口，通过指定作为隧道两端的边缘路由器连接公共网络接口的全球 IP 地址完成隧道定义。

6.1.4　实验步骤

(1) 启动 Packet Tracer，在逻辑工作区根据图 6.1 所示的 VPN 物理结构放置和连接设备，完成设备放置和连接后的逻辑工作区界面如图 6.2 所示。

(2) 根据图 6.1 所示的配置信息完成各个路由器(Router1～Router6)接口的 IP 地址和子网掩码配置，将属于公共网络的路由器接口配置成 OSPF 区域 1 接口，这些接口包括路由器 Router4～Router6 的全部接口和路由器 Router1～Router3 连接公共网络的接口。完成 OSPF 配置后，公共网络中各个路由器(包括边缘路由器 Router1、Router2 和 Router3)建立通往公共网络中各个子网的传输路径。可以通过这些路由器中类型为 O 的路由项，建立边缘路由器连接公共网络接口之间的传输路径，边缘路由器连接公共网络接口分配全球 IP 地址。建立边缘路由器连接公共网络接口之间的传输路径是保证图 6.1(b)中隧道两端之间连通性的前提。路由器 Router1～Router6 包含 OSPF 创建的动态路由项的路由表如图 6.3～图 6.8 所示。需要指出的是，路由器 Router4～Router6 路由表中没有用于指明通往内部网络各个子网的传输路径的路由项，内部网络对这些路由器是透明的。

(3) 在路由器 Router1 中配置隧道 1(Tunnel 1)和隧道 2(Tunnel 1)两端信息。一端是 Router1 连接公共网络接口 FastEthernet0/0，另一端通过全球 IP 地址指定。隧道 1 另一端

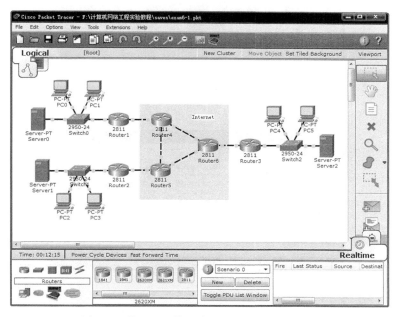

图 6.2　放置和连接设备后的逻辑工作区界面

Type	Network	Port	Next Hop IP	Metric
C	192.1.1.0/24	FastEthernet0/1	---	0/0
C	192.168.1.0/24	FastEthernet0/0	---	0/0
O	192.1.2.0/24	FastEthernet0/1	192.1.1.2	110/3
O	192.1.3.0/24	FastEthernet0/1	192.1.1.2	110/3
O	192.1.4.0/24	FastEthernet0/1	192.1.1.2	110/2
O	192.1.5.0/24	FastEthernet0/1	192.1.1.2	110/3
O	192.1.6.0/24	FastEthernet0/1	192.1.1.2	110/2

图 6.3　路由器 Router1 路由表

Type	Network	Port	Next Hop IP	Metric
C	192.1.2.0/24	FastEthernet0/1	---	0/0
C	192.168.2.0/24	FastEthernet0/0	---	0/0
O	192.1.1.0/24	FastEthernet0/1	192.1.2.2	110/3
O	192.1.3.0/24	FastEthernet0/1	192.1.2.2	110/3
O	192.1.4.0/24	FastEthernet0/1	192.1.2.2	110/2
O	192.1.5.0/24	FastEthernet0/1	192.1.2.2	110/2
O	192.1.6.0/24	FastEthernet0/1	192.1.2.2	110/3

图 6.4　路由器 Router2 路由表

Type	Network	Port	Next Hop IP	Metric
C	192.1.3.0/24	FastEthernet0/1	---	0/0
C	192.168.3.0/24	FastEthernet0/0	---	0/0
O	192.1.1.0/24	FastEthernet0/1	192.1.3.2	110/3
O	192.1.2.0/24	FastEthernet0/1	192.1.3.2	110/3
O	192.1.4.0/24	FastEthernet0/1	192.1.3.2	110/3
O	192.1.5.0/24	FastEthernet0/1	192.1.3.2	110/2
O	192.1.6.0/24	FastEthernet0/1	192.1.3.2	110/2

图 6.5　路由器 Router3 路由表

图 6.6　路由器 Router4 完整路由表

图 6.7　路由器 Router5 完整路由表

图 6.8　路由器 Router6 完整路由表

的全球 IP 地址是 192.1.2.1,隧道 2 另一端的全球 IP 地址是 192.1.3.1。可以为隧道接口配置本地 IP 地址,Router1 分别为隧道 1 和隧道 2 的隧道接口配置本地 IP 地址 192.168.4.1 和 192.168.5.1。在 Router2 和 Router3 中完成同样配置,建立这三个边缘路由器连接公共网络接口之间的 IP 隧道。

（4）在 Router1～Router3 中配置 RIP 进程,在每一个边缘路由器中指定参与 RIP 创建动态路由项过程的直接连接的内部子网(包括物理接口直接连接的内部子网和隧道接口直接连接的内部子网),如 Router1 配置的内部子网 192.168.1.0/24(物理接口直接连接的内部子网)和 192.168.4.0/24 与 192.168.5.0/24(隧道接口直接连接的内部子网)。完成 Router1～Router3 RIP 进程配置后,Router1～Router3 路由表中出现类型为 R,用于指明通往内部网络各个子网的传输路径的路由项。Router1～Router3 包含 RIP 创建的动态路由项的路由表如图 6.9～图 6.11 所示。

图 6.9　路由器 Router1 完整路由表

```
Routing Table for Router2                                          ☒
Type   Network          Port              Next Hop IP        Metric
C      192.1.2.0/24     FastEthernet0/1   ---                0/0
C      192.168.2.0/24   FastEthernet0/0   ---                0/0
C      192.168.4.0/24   Tunnel1           ---                0/0
C      192.168.6.0/24   Tunnel3           192.1.2.2          0/0
O      192.1.1.0/24     FastEthernet0/1   192.1.2.2          110/3
O      192.1.3.0/24     FastEthernet0/1   192.1.2.2          110/3
O      192.1.4.0/24     FastEthernet0/1   192.1.2.2          110/2
O      192.1.5.0/24     FastEthernet0/1   192.1.2.2          110/3
O      192.1.6.0/24     FastEthernet0/1   192.1.2.2          110/3
R      192.168.1.0/24   Tunnel1           192.168.4.1        120/1
R      192.168.3.0/24   Tunnel3           192.168.6.2        120/1
R      192.168.5.0/24   Tunnel1           192.168.4.1        120/1
R      192.168.5.0/24   Tunnel3           192.168.6.2        120/1
```

图 6.10 路由器 Router2 完整路由表

```
Routing Table for Router3                                          ☒
Type   Network          Port              Next Hop IP        Metric
C      192.1.3.0/24     FastEthernet0/1   ---                0/0
C      192.168.3.0/24   FastEthernet0/0   ---                0/0
C      192.168.5.0/24   Tunnel2           ---                0/0
C      192.168.6.0/24   Tunnel3           ---                0/0
O      192.1.1.0/24     FastEthernet0/1   192.1.3.2          110/3
O      192.1.2.0/24     FastEthernet0/1   192.1.3.2          110/3
O      192.1.4.0/24     FastEthernet0/1   192.1.3.2          110/3
O      192.1.5.0/24     FastEthernet0/1   192.1.3.2          110/2
O      192.1.6.0/24     FastEthernet0/1   192.1.3.2          110/2
R      192.168.1.0/24   Tunnel2           192.168.5.1        120/1
R      192.168.2.0/24   Tunnel3           192.168.6.1        120/1
R      192.168.4.0/24   Tunnel2           192.168.5.1        120/1
R      192.168.4.0/24   Tunnel3           192.168.6.1        120/1
```

图 6.11 路由器 Router3 完整路由表

（5）各个路由器建立完整路由表后，可以分析两层 IP 分组传输路径：一是公共网络中目的网络为全球 IP 地址的路由项，其中最重要的是用于建立隧道两端之间传输路径的路由项。二是建立内部网络各个子网之间传输路径的路由项，这些路由项只存在于边缘路由器，公共网络隐身为点对点 IP 隧道。

（6）发起 PC0 访问 Server2 的过程。PC0 至 Server2 IP 分组的传输路径分为三段：一是 PC0 至边缘路由器 Router1 的传输路径，IP 分组格式如图 6.12 所示，IP 分组的源和目的 IP 地址分别是 PC0 和 Server2 的本地 IP 地址 192.168.1.1 和 192.168.3.3。二是隧道 2 两端之间的传输路径，即边缘路由器 Router1 连接公共网络接口至边缘路由器 Router3 连接公共网络接口之间的 IP 分组传输路径，内层 IP 分组被封装成隧道格式，封装过程如

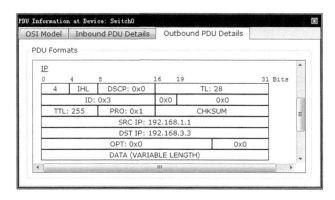

图 6.12 PC0→Server2 IP 分组 PC0 至 Router1 这一段格式

图 6.13 所示。GRE 格式中通过类型字段值 0x800 表明了 GRE 格式净荷是内层 IP 分组。外层 IP 分组的协议字段值 0x2f(十进制值 47)表明外层 IP 分组净荷是 GRE 格式。三是边缘路由器 Router3 至 Server2 的传输路径,IP 分组格式与图 6.12 所示相同。

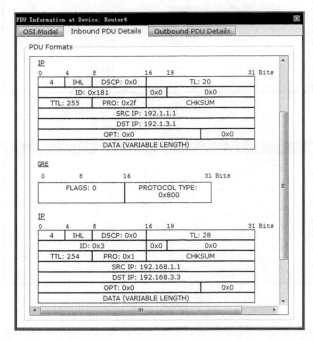

图 6.13 PC0→Server2 IP 分组 Router1 至 Router3 这一段格式

6.1.5 命令行配置过程

1. Router1 命令行配置过程

```
Router>enable
Router#configure terminal
Router(config)#hostname Router1
Router1(config)#interface FastEthernet0/0
Router1(config-if)#no shutdown
Router1(config-if)#ip address 192.168.1.254 255.255.255.0
Router1(config-if)#exit
Router1(config)#interface FastEthernet0/1
Router1(config-if)#no shutdown
Router1(config-if)#ip address 192.1.1.1 255.255.255.0
Router1(config-if)#exit
Router1(config)#router ospf 01
Router1(config-router)#network 192.1.1.0 0.0.0.255 area 1
Router1(config-router)#exit
Router1(config)#interface tunnel 1
Router1(config-if)#ip address 192.168.4.1 255.255.255.0
Router1(config-if)#tunnel source FastEthernet0/1
```

```
Router1(config-if)#tunnel destination 192.1.2.1
Router1(config-if)#exit
Router1(config)#interface tunnel 2
Router1(config-if)#ip address 192.168.5.1 255.255.255.0
Router1(config-if)#tunnel source FastEthernet0/1
Router1(config-if)#tunnel destination 192.1.3.1
Router1(config-if)#exit
Router1(config)#router rip
Router1(config-router)#network 192.168.1.0
Router1(config-router)#network 192.168.4.0
Router1(config-router)#network 192.168.5.0
Router1(config-router)#exit
```

2. Router2 命令行配置过程

```
Router>enable
Router#configure terminal
Router(config)#hostname Router2
Router2(config)#interface FastEthernet0/0
Router2(config-if)#no shutdown
Router2(config-if)#ip address 192.168.2.254 255.255.255.0
Router2(config-if)#exit
Router2(config)#interface FastEthernet0/1
Router2(config-if)#no shutdown
Router2(config-if)#ip address 192.1.2.1 255.255.255.0
Router2(config-if)#exit
Router2(config)#router ospf 02
Router2(config-router)#network 192.1.2.0 0.0.0.255 area 1
Router2(config-router)#exit
Router2(config)#interface tunnel 1
Router2(config-if)#ip address 192.168.4.2 255.255.255.0
Router2(config-if)#tunnel source FastEthernet0/1
Router2(config-if)#tunnel destination 192.1.1.1
Router2(config-if)#exit
Router2(config)#interface tunnel 3
Router2(config-if)#ip address 192.168.6.1 255.255.255.0
Router2(config-if)#tunnel source FastEthernet0/1
Router2(config-if)#tunnel destination 192.1.3.1
Router2(config-if)#exit
Router2(config)#router rip
Router2(config-router)#network 192.168.2.0
Router2(config-router)#network 192.168.4.0
Router2(config-router)#network 192.168.6.0
Router2(config-router)#exit
```

3. Router3 命令行配置过程

```
Router>enable
Router#configure terminal
Router(config)#hostname Router3
Router3(config)#interface FastEthernet0/0
Router3(config-if)#no shutdown
Router3(config-if)#ip address 192.168.3.254 255.255.255.0
Router3(config-if)#exit
Router3(config)#interface FastEthernet0/1
Router3(config-if)#no shutdown
Router3(config-if)#ip address 192.1.3.1 255.255.255.0
Router3(config-if)#exit
Router3(config)#router ospf 03
Router3(config-router)#network 192.1.3.0 0.0.0.255 area 1
Router3(config-router)#exit
Router3(config)#interface tunnel 2
Router3(config-if)#ip address 192.168.5.2 255.255.255.0
Router3(config-if)#tunnel source FastEthernet0/1
Router3(config-if)#tunnel destination 192.1.1.1
Router3(config-if)#exit
Router3(config)#interface tunnel 3
Router3(config-if)#ip address 192.168.6.2 255.255.255.0
Router3(config-if)#tunnel source FastEthernet0/1
Router3(config-if)#tunnel destination 192.1.2.1
Router3(config-if)#exit
Router3(config)#router rip
Router3(config-router)#network 192.168.3.0
Router3(config-router)#network 192.168.5.0
Router3(config-router)#network 192.168.6.0
Router3(config-router)#exit
```

4. Router4 命令行配置过程

```
Router>enable
Router#configure terminal
Router(config)#hostname Router4
Router4(config)#interface FastEthernet0/0
Router4(config-if)#no shutdown
Router4(config-if)#ip address 192.1.1.2 255.255.255.0
Router4(config-if)#exit
Router4(config)#interface FastEthernet0/1
Router4(config-if)#no shutdown
Router4(config-if)#ip address 192.1.4.1 255.255.255.0
Router4(config-if)#exit
Router4(config)#interface FastEthernet1/0
```

```
Router4(config-if)#no shutdown
Router4(config-if)#ip address 192.1.6.1 255.255.255.0
Router4(config-if)#exit
Router4(config)#router ospf 04
Router4(config-router)#network 192.1.1.0 0.0.0.255 area 1
Router4(config-router)#network 192.1.4.0 0.0.0.255 area 1
Router4(config-router)#network 192.1.6.0 0.0.0.255 area 1
Router4(config-router)#exit
```

5. Router5 命令行配置过程

```
Router>enable
Router#configure terminal
Router(config)#hostname Router5
Router5(config)#interface FastEthernet0/0
Router5(config-if)#no shutdown
Router5(config-if)#ip address 192.1.2.2 255.255.255.0
Router5(config-if)#exit
Router5(config)#interface FastEthernet0/1
Router5(config-if)#no shutdown
Router5(config-if)#ip address 192.1.4.2 255.255.255.0
Router5(config-if)#exit
Router5(config)#interface FastEthernet1/0
Router5(config-if)#no shutdown
Router5(config-if)#ip address 192.1.5.1 255.255.255.0
Router5(config-if)#exit
Router5(config)#router ospf 05
Router5(config-router)#network 192.1.2.0 0.0.0.255 area 1
Router5(config-router)#network 192.1.4.0 0.0.0.255 area 1
Router5(config-router)#network 192.1.5.0 0.0.0.255 area 1
Router5(config-router)#exit
```

6. Router6 命令行配置过程

```
Router>enable
Router#configure terminal
Router(config)#hostname Router6
Router6(config)#interface FastEthernet0/0
Router6(config-if)#no shutdown
Router6(config-if)#ip address 192.1.3.2 255.255.255.0
Router6(config-if)#exit
Router6(config)#interface FastEthernet0/1
Router6(config-if)#no shutdown
Router6(config-if)#ip address 192.1.5.2 255.255.255.0
Router6(config-if)#exit
Router6(config)#interface FastEthernet1/0
Router6(config-if)#no shutdown
```

```
Router6(config-if)#ip address 192.1.6.2 255.255.255.0
Router6(config-if)#exit
Router6(config)#router ospf 06
Router6(config-router)#network 192.1.3.0 0.0.0.255 area 1
Router6(config-router)#network 192.1.5.0 0.0.0.255 area 1
Router6(config-router)#network 192.1.6.0 0.0.0.255 area 1
Router6(config-router)#exit
```

7. 命令列表

路由器命令行配置过程中使用的命令及功能说明如表 6.1 所示。

表 6.1　命令列表

命令格式	功能和参数说明
interface tunnel *number*	创建编号由参数 *number* 指定的隧道接口,并进入该隧道接口的隧道接口配置模式
tunnel source ｛ *ip-address* ｜ *ipv6-address* ｜ *interface-type interface-number* ｝	指定隧道源端 IP 地址,该源端 IP 地址可以通过参数 *ip-address* 或 *ipv6-address* 直接给出,也可以通过参数 *interface-type interface-number* 指定某个路由器接口,用该接口的 IP 地址作为源端地址
tunnel destination ｛ *ip-address* ｜ *ipv6-address* ｝	指定隧道目的端 IP 地址,该目的端 IP 地址通过参数 *ip-address* 或 *ipv6-address* 直接给出

6.2　IP Sec 配置实验

6.2.1　实验目的

一是掌握 ISAKMP 策略配置过程。二是掌握 IP Sec 参数配置过程。三是验证 IP Sec 安全关联建立过程。四是验证 ESP 报文封装过程。五是验证基于 IP Sec VPN 数据传输过程。

6.2.2　实验原理

点对点 IP 隧道只能解决由公共网络(如 Internet)实现互连的内部子网之间的通信问题,不能实现内部子网之间的安全通信。实现安全通信,一是需要对隧道两端的路由器实现身份鉴别,以免发生假冒内部子网与其他内部子网通信的情况。二是需要保证经过公共网络传输的数据的完整性和保密性。IP Sec 协议就是一种实现内层 IP 分组经过隧道安全通信的协议。通过 ISAKMP 在隧道两端建立 IP Sec 安全关联,将内层 IP 分组封装成 ESP 报文后再经过隧道传输。ISAKMP 分两阶段完成隧道两端 IP Sec 安全关联建立过程:第一阶段建立安全传输通道,两端需要约定加密算法、报文摘要算法、鉴别方式和 DH 组号。第二阶段建立 IP Sec 安全关联,两端需要约定安全协议、加密算法和 HMAC 算法。

1. 配置安全策略

隧道两端建立安全传输通道时,需要完成身份鉴别协议、密钥交换算法和加密解密算法等协商过程,因此,隧道两端必须就身份鉴别协议、密钥交换算法及加密解密算法等安全属性达成一致。配置安全策略的目的就是为需要建立安全传输通道的隧道两端配置相同的安全属性。

2. 配置 IP Sec 属性

IP Sec 可以选择 AH 或 ESP。选择 AH 时,需要选择首部鉴别协议。选择 ESP 时,需要选择 ESP 加密算法和鉴别算法。配置 IP Sec 属性就是在隧道两端配置相同的安全协议及相关算法。

3. 配置分组过滤器

配置分组过滤器的目的就是筛选出需要经过 IP Sec 安全关联传输的一组 IP 分组。在这里,只有与实现内部子网之间通信相关的 IP 分组才需要经过 IP Sec 安全关联传输。

6.2.3　关键命令说明

1. 配置安全策略

```
Router(config)#crypto isakmp policy 1
Router(config-isakmp)#authentication pre-share
Router(config-isakmp)#encryption 3des
Router(config-isakmp)#hash md5
Router(config-isakmp)#group 2
Router(config-isakmp)#lifetime 900
Router(config-isakmp)#exit
Router(config)#crypto isakmp key 1234 address 0.0.0.0 0.0.0.0
```

命令 crypto isakmp policy 1 是全局模式下使用的命令,该命令的作用是定义编号和优先级为 1 的安全策略,并进入策略配置模式。需要建立安全传输通道的两端可以定义多个安全策略,编号和优先级越小的安全策略优先级越高。两端成功建立安全传输通道的前提是两端存在匹配的安全策略。

命令 authentication pre-share 是策略配置模式下使用的命令,该命令的作用是为该安全策略指定鉴别机制,pre-share 表示采用共享密钥鉴别机制。存在多种鉴别机制,如基于 RSA 的数字签名等,但 Packet Tracer 只支持共享密钥鉴别机制。

命令 encryption 3des 是策略配置模式下使用的命令,该命令的作用是为该安全策略指定加密算法 3des。Packet Tracer 支持的加密算法有 3des、aes 和 des。

命令 hash md5 是策略配置模式下使用的命令,该命令的作用是为该安全策略指定报文摘要算法 md5。Packet Tracer 支持的报文摘要算法有 md5 和 sha。

命令 group 2 是策略配置模式下使用的命令,该命令的作用是为该安全策略指定 Diffie-Hellman 组标识符 2。Packet Tracer 支持的 Diffie-Hellman 组标识符有 1、2 和 5。

命令 lifetime 900 是策略配置模式下使用的命令,该命令的作用是为该安全策略指定安全关联(SA)存活时间。一旦过了 900s 存活时间,将重新建立 IP Sec 安全关联。

命令 crypto isakmp key 1234 address 0.0.0.0 0.0.0.0 是全局模式下使用的命令,该命令的作用是为需要建立安全传输通道,且采用共享密钥鉴别机制的两端配置共享密钥。这里 1234 是配置的共享密钥,用地址和子网掩码 0.0.0.0/0.0.0.0 表示另一端任意。可以通过地址和子网掩码唯一指定另一端或指定另一端范围。

2. 配置 IP Sec 变换集

```
Router (config)#crypto ipsec transform-set tunnel esp-3des esp-md5-hmac
```

命令 crypto ipsec transform-set tunnel esp-3des esp-md5-hmac 是全局模式下使用的命令,该命令的作用是指定安全协议使用的鉴别和加密算法。如果选择 AH 作为安全协议,可以选择的鉴别算法有 ah-md5-hmac 和 ah-sha-hmac。如果选择 ESP 作为安全协议,可以选择的加密算法有 esp-3des、esp-aes 和 esp-des,可以选择的鉴别算法有 esp-md5-hmac 和 esp-sha-hmac。可以同时选择 AH 和 ESP,因此最多可以指定三种算法,这些算法的集合称为变换集。这里,tunnel 是变换集名字,esp-3des 和 esp-md5-hmac 分别是选择 ESP 作为安全协议后指定的加密算法和鉴别算法。

3. 配置分组过滤器

```
Router(config)#access-list 101 permit gre host 192.1.1.1 host 192.1.2.1
Router(config)#access-list 101 deny ip any any
```

上述分组过滤器指定的 IP 分组为源 IP 地址为 192.1.1.1、目的 IP 地址为 192.1.2.1,且以 GRE 格式封装内层 IP 分组的外层 IP 分组,这种 IP 分组是封装内部子网间传输的 IP 分组后产生的用于经过隧道传输的外层 IP 分组。

4. 配置加密映射

```
Router (config)#crypto map tunnel 10 ipsec-isakmp
Router(config-crypto-map)#set peer 192.1.2.1
Router(config-crypto-map)#set transform-set tunnel
Router(config-crypto-map)#match address 101
Router(config-crypto-map)#exit
```

命令 crypto map tunnel 10 ipsec-isakmp 是全局模式下使用的命令,该命令的作用是创建一个 ipsec-isakmp 环境下作用的加密映射,并进入加密映射配置模式。tunnel 是加密映射名,10 是序号。

命令 set peer 192.1.2.1 是加密映射配置模式下使用的命令,该命令的作用是指定安全关联的另一端,192.1.2.1 是安全关联另一端的 IP 地址。

命令 set transform-set tunnel 是加密映射配置模式下使用的命令,该命令的作用是指定安全关联使用的安全协议及与指定安全协议相关的各种算法。tunnel 是变换集名,安全关联使用该变换集指定的安全协议及各种相关算法。

命令 match address 101 是加密映射配置模式下使用的命令,该命令的作用是指定经过安全关联传输的 IP 分组集。由编号为 101 的分组过滤器确定经过安全关联传输的 IP 分组集。

上述加密映射指定了安全关联的有关参数,安全关联另一端 IP 地址(即安全关联目的 IP 地址)、安全关联使用的安全协议及与指定安全协议相关的各种算法、经过安全关联传输的 IP 分组集。

5. 作用加密映射

```
Router(config)#interface FastEthernet0/1
Router(config-if)#crypto map tunnel
Router(config-if)#exit
```

命令 crypto map tunnel 是接口配置模式下使用的命令,该命令的作用是将名为 tunnel

的加密映射作用到指定路由器接口(这里是 FastEthernet0/1)。

一旦将某个加密映射作用到某个路由器接口,通过 isakmp 动态建立以该路由器接口为源端,以加密映射指定的目的端为目的端,使用加密映射指定的安全协议及各种相关算法的安全关联。所有经过该路由器接口输出,且属于加密映射指定的 IP 分组集的 IP 分组通过安全关联完成安全传输过程。

如果需要创建多个以该路由器接口为源端,但目的端不同的安全关联,需要定义多个名相同,但序号不同的加密映射,每一个加密映射对应一个安全关联。

6.2.4　实验步骤

(1) 在 6.1 节点对点 IP 隧道配置实验基础上进行该实验。

(2) 在隧道两端完成安全策略配置过程,指定建立安全传输通道使用的加密算法 3DES、报文摘要算法 MD5、共享密钥鉴别机制和 DH 组号 DH-2。隧道每一端可以配置多个安全策略,但两端必须存在匹配的安全策略,否则终止 IP Sec 安全关联建立过程。

(3) 由于双方采用共享密钥鉴别方式,需要为隧道两端配置共享密钥。Packet Tracer 只能用单个共享密钥绑定所有采用共享密钥鉴别机制的两端。

(4) 在隧道两端指定变换集,通过指定变换集确定 IP Sec 安全关联使用的安全协议及各种相关算法。

(5) 通过配置分组过滤器指定隧道两端需要进行安全传输的 IP 分组范围。

(6) 隧道每一端创建加密映射。加密映射中将 IP Sec 安全关联另一端的 IP 地址、为 IP Sec 配置的变换集及用于控制需要安全传输的 IP 分组范围的分组过滤器绑定在一起。如果某个端口作为多条隧道的源端口,则需要创建多个名字相同、序号不同的加密映射,每一个加密映射对应不同的隧道。

(7) 在接口配置模式将创建的加密映射作用到该接口。加密映射一旦作用到某个接口上,按照加密映射的配置自动建立 IP Sec 安全关联,并通过 IP Sec 安全关联安全传输分组过滤器指定的 IP 分组集。

(8) 在隧道两端接口使能各自创建的加密映射后,隧道两端通过 ISAKMP 自动创建 IP Sec 安全关联,内层 IP 分组可以封装成 ESP 报文经过隧道传输。图 6.14 所示是图 6.2 中 PC0 至 Server2 的内层 IP 分组,以内部网络本地 IP 地址 192.168.1.1 和 192.168.3.3 为源和目的 IP 地址。图 6.15 是该内层 IP 分组封装成 ESP 报文过程,它首先被封装成 GRE 格

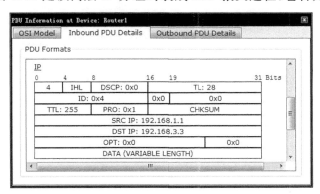

图 6.14　内层 IP 分组格式

式,GRE 格式被封装成 ESP 报文,ESP 报文作为外层 IP 分组的净荷。ESP 采用加密算法 3DES 和鉴别算法 HMAC-MD5。

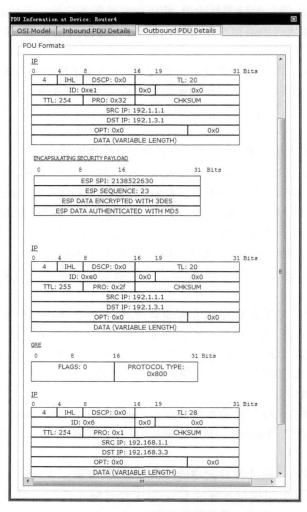

图 6.15 内层 IP 分组封装成 ESP 报文过程

6.2.5 命令行配置过程

1. Router1 相关命令行配置过程

```
Router1(config)#crypto isakmp policy 1
Router1(config-isakmp)#authentication pre-share
Router1(config-isakmp)#encryption 3des
Router1(config-isakmp)#hash md5
Router1(config-isakmp)#group 2
Router1(config-isakmp)#lifetime 900
Router1(config-isakmp)#exit
Router1(config)#crypto isakmp key 1234 address 0.0.0.0 0.0.0.0
```

Router1(config)#crypto ipsec transform-set tunnel esp-3des esp-md5-hmac

Router1(config)#access-list 101 permit gre host 192.1.1.1 host 192.1.2.1

Router1(config)#access-list 101 deny ip any any

Router1(config)#access-list 102 permit gre host 192.1.1.1 host 192.1.3.1

Router1(config)#access-list 102 deny ip any any

Router1(config)#crypto map tunnel 10 ipsec-isakmp

Router1(config-crypto-map)#set peer 192.1.2.1

Router1(config-crypto-map)#set transform-set tunnel

Router1(config-crypto-map)#match address 101

Router1(config-crypto-map)#exit

Router1(config)#crypto map tunnel 20 ipsec-isakmp

Router1(config-crypto-map)#set peer 192.1.3.1

Router1(config-crypto-map)#set transform-set tunnel

Router1(config-crypto-map)#match address 102

Router1(config-crypto-map)#exit

Router1(config)#interface FastEthernet0/1

Router1(config-if)#crypto map tunnel

Router1(config-if)#exit

2. Router2 相关命令行配置过程

Router2(config)#crypto isakmp policy 1

Router2(config-isakmp)#authentication pre-share

Router2(config-isakmp)#encryption 3des

Router2(config-isakmp)#hash md5

Router2(config-isakmp)#group 2

Router2(config-isakmp)#lifetime 900

Router2(config-isakmp)#exit

Router2(config)#crypto isakmp key 1234 address 0.0.0.0 0.0.0.0

Router2(config)#crypto ipsec transform-set tunnel esp-3des esp-md5-hmac

Router2(config)#access-list 101 permit gre host 192.1.2.1 host 192.1.1.1

Router2(config)#access-list 101 deny ip any any

Router2(config)#access-list 102 permit gre host 192.1.2.1 host 192.1.3.1

Router2(config)#access-list 102 deny ip any any

Router2(config)#crypto map tunnel 10 ipsec-isakmp

Router2(config-crypto-map)#set peer 192.1.1.1

Router2(config-crypto-map)#set transform-set tunnel

Router2(config-crypto-map)#match address 101

Router2(config-crypto-map)#exit

Router2(config)#crypto map tunnel 20 ipsec-isakmp

Router2(config-crypto-map)#set peer 192.1.3.1

Router2(config-crypto-map)#set transform-set tunnel

Router2(config-crypto-map)#match address 102

Router2(config-crypto-map)#exit

Router2(config)#interface FastEthernet0/1

Router2(config-if)#crypto map tunnel

```
Router2(config-if)#exit
```

3. Router3 相关命令行配置过程

```
Router3(config)#crypto isakmp policy 1
Router3(config-isakmp)#authentication pre-share
Router3(config-isakmp)#encryption 3des
Router3(config-isakmp)#hash md5
Router3(config-isakmp)#group 2
Router3(config-isakmp)#lifetime 900
Router3(config-isakmp)#exit
Router3(config)#crypto isakmp key 1234 address 0.0.0.0 0.0.0.0
Router3(config)#crypto ipsec transform-set tunnel esp-3des esp-md5-hmac
Router3(config)#access-list 101 permit gre host 192.1.3.1 host 192.1.1.1
Router3(config)#access-list 101 deny ip any any
Router3(config)#access-list 102 permit gre host 192.1.3.1 host 192.1.2.1
Router3(config)#access-list 102 deny ip any any
Router3(config)#crypto map tunnel 10 ipsec-isakmp
Router3(config-crypto-map)#set peer 192.1.1.1
Router3(config-crypto-map)#set transform-set tunnel
Router3(config-crypto-map)#match address 101
Router3(config-crypto-map)#exit
Router3(config)#crypto map tunnel 20 ipsec-isakmp
Router3(config-crypto-map)#set peer 192.1.2.1
Router3(config-crypto-map)#set transform-set tunnel
Router3(config-crypto-map)#match address 102
Router3(config-crypto-map)#exit
Router3(config)#interface FastEthernet0/1
Router3(config-if)#crypto map tunnel
Router3(config-if)#exit
```

4. 命令列表

路由器命令行配置过程中使用的命令及功能说明如表 6.2 所示。

表 6.2 命令列表

命 令 格 式	功能和参数说明
crypto isakmp policy *priority*	定义安全策略,并进入策略配置模式。参数 *priority* 一是作为编号用于唯一标识该策略;二是为该策略分配优先级,1 是最高优先级
authentication {rsa-sig | rsa-encr | pre-share}	指定鉴别机制,rsa-sig 指 RSA 数字签名鉴别机制,rsa-encr 指 RSA 加密随机数鉴别机制,pre-share 指共享密钥鉴别机制
encryption {des | 3des | aes | aes 192 | aes 256}	指定加密算法。des、3des、aes、aes 192 和 aes 256 是各种加密算法
hash {sha | md5}	指定报文摘要算法。sha 和 md5 是两种报文摘要算法
group {1 | 2 | 5}	指定 Diffie-Hellman 组标识符。1、2 和 5 是可供选择的组号
lifetime *seconds*	定义安全关联(SA)存活时间,参数 *seconds* 以秒为单位给出存活时间

续表

命 令 格 式	功能和参数说明
crypto isakmp key *keystring* address *peer-address*［*mask*］	指定安全关联两端用于相互鉴别身份的共享密钥。参数 *keystring* 指定共享密钥,安全关联两端配置的共享密钥必须相同。参数 *peer-address* 和［*mask*］(可选)用于指定使用共享密钥的另一端
crypto ipsec transform-set *transform-set-name transform*1［*transform*2］［*transform*3］［*transform*4］	定义变换集。参数 *transform-set-name* 指定变换集名,最多可以定义4 种变换。选择 AH 作为安全协议,需要指定首部鉴别算法;选择 ESP作为安全协议,需要指定加密算法和鉴别算法。另外还可以指定压缩算法
crypto map *map-name seq-num* ipsec-isakmp	创建一个作用于 ipsec-isakmp 的加密映射。参数 *map-name* 指定加密映射名,参数 seq-num 用于为加密映射分配序号。同时进入加密映射配置模式。加密映射的作用有两个:一是配置分类 IP 分组的分组过滤器,二是指定作用于这些 IP 分组的安全策略
set peer｛*host-name* ｜ *ip-address*｝	指定安全关联的另一端。或用参数 *host-name* 指定另一端的域名,或用参数 *ip-address* 指定另一端的 IP 地址
set transform-set *transform-set-name*	指定变换集,参数 *transform-set-name* 是变换集名字
match address［*access-list-id* ｜ *name*］	指定用于过滤 IP 分组的分组过滤器,*access-list-id* 是分组过滤器编号,*name* 是分组过滤器名
crypto map *map-name*	将由参数 *map-name* 指定的加密映射作用于某个路由器接口

6.3　Cisco Easy VPN 配置实验

6.3.1　实验目的

一是掌握 ISAKMP 策略配置过程。二是掌握 IP Sec 参数配置过程。三是掌握 VPN 服务器配置过程。四是验证远程接入过程。五是掌握 ESP 报文封装过程。六是掌握 Cisco Easy VPN 的工作原理。

6.3.2　实验原理

Cisco Easy VPN 用于解决连接在 Internet 上的终端访问内部网络资源的问题。图 6.16 给出了用于实现远程接入的网络结构。内部网络由路由器 R1 互连的三个子网 192.168.1.0/24、192.168.2.0/24 和 192.168.3.0/24 组成,Internet 由路由器 R3 互连的三个子网 192.1.1.0/24、192.1.2.0/24 和 192.1.3.0/24 组成。从 R1 和 R3 路由表可以看出,R1 路由表只包含用于指明通往内部网络各个子网的传输路径的路由项,其中网络地址 192.168.4.0/24 用于作为分配给连接在 Internet 上的终端的内部网络本地 IP 地址池。R3 路由表中只包含用于指明通往 Internet 各个子网的传输路径的路由项。终端 C 和终端 D 配置 Internet 全球 IP 地址,在实现远程接入前无法访问内部网络资源,如内部网络的 Web 服务器。R2 一方面作为 VPN 服务器实现终端 C 和终端 D 的远程接入功能;另一方面实现内部网络和 Internet 互连。R1 和 R2 通过 RIP 建立用于指明通往内部网络各个子网的传输路径的路由项。R2 和 R3 通过 OSPF 建立用于指明通往 Internet 各个子网的传输路径的路由项。

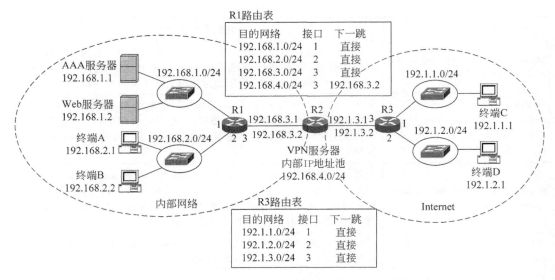

图 6.16 远程接入网络结构

Cisco Easy VPN 实现终端 C 和终端 D 远程接入过程如下：首先建立安全传输通道，然后鉴别远程接入用户身份，在完成用户身份鉴别后，向远程接入用户推送配置信息，包括本地 IP 地址、子网掩码等。最后建立 VPN 服务器 R2 与远程接入终端之间的 IP Sec 安全关联，用于实现数据远程接入终端与 VPN 服务器之间的安全传输。远程接入终端访问内部网络资源时使用 VPN 服务器 R2 为其分配的内部网络本地 IP 地址。

1. 配置客户组

与建立隧道两端之间的 IP Sec 安全关联不同，在远程接入终端发起远程接入过程前，路由器 R2 并不知道安全关联的另一端，如果采用共享密钥鉴别方式，无法事先确定用共享密钥相互鉴别身份的两端，只能通过定义客户组的方式确定与路由器 R2 用共享密钥相互鉴别身份的一组客户。

2. 集成安全关联与身份鉴别

建立安全关联的前提是远程接入用户成功完成身份鉴别，因此需要将安全关联建立过程与身份鉴别机制集成在一起。成功建立安全关联后，通过安全关联对远程接入终端分配本地 IP 地址。

6.3.3 关键命令说明

1. 配置安全策略

```
Router(config)#crypto isakmp policy 1
Router(config-isakmp)#authentication pre-share
Router(config-isakmp)#encryption aes 256
Router(config-isakmp)#hash sha
Router(config-isakmp)#group 2
Router(config-isakmp)#lifetime 900
```

作为 VPN 服务器的路由器的安全策略配置过程与 6.2 节完全相同，不同的是，由于无法确定需要建立安全传输通道的另一端,因此无法在需要建立安全传输通道的两端配置共享密钥。只能通过配置客户组的方式解决这一问题。

2. 配置客户组

```
Router (config)#ip local pool vpnpool 192.168.4.1 192.168.4.100
Router(config)#crypto isakmp client configuration group asdf
Router(config-isakmp-group)#key asdf
Router(config-isakmp-group)#pool vpnpool
Router(config-isakmp-group)#netmask 255.255.255.0
Router(config-isakmp-group)#exit
```

命令 ip local pool vpnpool 192.168.4.1 192.168.4.100 是全局模式下使用的命令,该命令的作用是定义名为 vpnpool 的本地 IP 地址池,指定 IP 地址池的范围为 192.168.4.1～192.168.4.100。

命令 crypto isakmp client configuration group asdf 是全局模式下使用的命令,该命令的作用有两个:一是定义名为 asdf 的客户组。二是进入该客户组安全策略配置模式,安全策略配置模式下配置的安全属性适用于所有属于该客户组的远程接入用户。

命令 key asdf 是安全策略配置模式下使用的命令,该命令的作用是指定 VPN 服务器与属于该客户组的远程接入用户之间的共享密钥 asdf。

远程用户发起远程接入过程时,必须通过输入组名 asdf 和共享密钥 asdf 证明自己属于该客户组。

命令 pool vpnpool 是安全策略配置模式下使用的命令,该命令的作用是指定用于为远程终端分配本地 IP 地址的本地 IP 地址池。Vpnpool 是本地 IP 地址池名。

命令 netmask 255.255.255.0 是安全策略配置模式下使用的命令,该命令的作用是指定远程终端的子网掩码。

3. 配置鉴别机制

```
Router(config)#aaa new-model
Router(config)#aaa authentication login vpna group radius
Router(config)#aaa authorizatio network vpnb local
```

命令 aaa authentication login vpna group radius 是全局模式下使用的命令,需要在启动路由器 AAA 功能后输入。该命令的作用是指定用于鉴别远程登录用户身份的鉴别机制列表,vpna 是鉴别机制列表名,group radius 是鉴别机制,表明采用基于 RADIUS 协议的统一鉴别机制,因此需要配套配置与基于 RADIUS 协议的 AAA 服务器有关的信息。

命令 aaa authorizatio network vpnb local 是全局模式下使用的命令,该命令的作用是指定用于鉴别是否授权访问网络的鉴别机制列表,vpnb 是鉴别机制列表名,local 是鉴别机制,表明采用本地鉴别机制。这里要求只允许属于指定客户组的用户访问网络。

因此,远程用户发起远程接入过程时,一是需要提供证明自己属于指定客户组的信息;二是需要提供证明自己是授权用户的身份信息(用户名和口令)。

4. 配置动态安全映射

```
Router(config)#crypto ipsec transform-set vpnt esp-3des esp-sha-hmac
```

```
Router(config)#crypto dynamic-map vpn 10
Router(config-crypto-map)#set transform-set vpnt
Router(config-crypto-map)#reverse-route
Router(config-crypto-map)#exit
```

命令 crypto ipsec transform-set vpnt esp-3des esp-sha-hmac 是全局模式下使用的命令,用于定义变换集,变换集中指定安全关联使用的安全协议(ESP)、加密算法(3des)和鉴别算法(sha-hmac)。

命令 crypto dynamic-map vpn 10 是全局模式下使用的命令,该命令的作用是创建名为 vpn,序号为 10 的动态加密映射,并进入加密映射配置模式。

命令 set transform-set vpnt 是加密映射配置模式下使用的命令,该命令的作用是指定建立安全关联时使用的变换集,这里指定使用名为 vpnt 的变换集所指定的安全协议和各种相关算法。

命令 reverse-route 是加密映射配置模式下使用的命令,该命令的作用有两个:一是在路由表中自动增加通往远程接入终端的路由项,二是自动将目的地为该远程接入终端的 IP 分组加入需要经过安全关联传输的 IP 分组集。动态安全映射与普通安全映射相比,一是无法定义安全关联的另一端;二是无法定义用于指定经过安全关联传输的 IP 分组集的分组过滤器。命令 reverse-route 用于实现远程接入环境下的部分上述功能。

5. 集成安全关联与鉴别机制

```
router(config)#crypto map vpn client authentication list vpna
router(config)#crypto map vpn isakmp authorization list vpnb
router(config)#crypto map vpn client configuration address respond
```

命令 crypto map vpn client authentication list vpna 是全局模式下使用的命令,该命令的作用是将名为 vpn 的动态映射与名为 vpna 的用于鉴别远程登录用户身份的鉴别机制列表绑定在一起。表示成功建立安全关联的前提是成功完成远程用户的身份鉴别过程。

命令 crypto map vpn isakmp authorization list vpnb 是全局模式下使用的命令,该命令的作用是将名为 vpn 的动态映射与名为 vpnb 的用于鉴别是否授权访问网络的鉴别机制列表绑定在一起。表示只与属于指定客户组的远程用户建立安全传输通道。

命令 crypto map vpn client configuration address respond 是全局模式下使用的命令,该命令的作用是指定路由器接受来自安全关联另一端的 IP 地址请求。这是通过安全关联实现远程安全接入所需要的功能。

6. 作用加密映射

```
router(config)#crypto map vpn 10 ipsec-isakmp dynamic vpn
router(config)#interface FastEthernet0/1
router(config-if)#crypto map vpn
router(config-if)#exit
```

命令 crypto map vpn 10 ipsec-isakmp dynamic vpn 是全局模式下使用的命令,该命令的作用是引用已经存在的名为 vpn 的动态加密映射为名为 vpn、序号为 10 的加密映射。

接下来的两条命令用于完成将名为 vpn 的加密映射作用到路由器接口 FastEthernet0/

1 的过程。

6.3.4　实验步骤

（1）启动 Packet Tracer，在逻辑工作区根据图 6.16 所示的网络结构放置和连接设备，完成设备放置和连接后的逻辑工作区界面如图 6.17 所示。

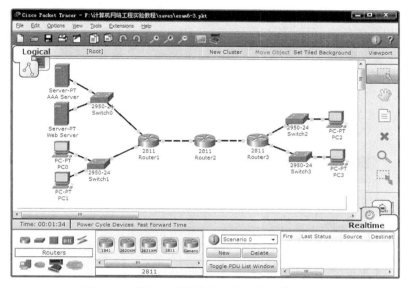

图 6.17　放置和连接设备后的逻辑工作区界面

（2）按照图 6.16 所示各个路由器接口的 IP 地址和子网掩码完成路由器接口 IP 地址和子网掩码配置，在路由器 Router1 和 Router2 中启动 RIP 路由进程，建立通往内部网络各个子网的传输路径。在路由器 Router2 和 Router3 中启动 OSPF 路由进程，建立通往 Internet 各个子网的传输路径。路由器 Router1～Router3 的路由表如图 6.18～图 6.20 所示。值得指出的是，路由器 Router3 路由表中只包含用于指明通往 Internet 各个子网的传输路径的路由项，路由器 Router1 路由表中只包含用于指明通往内部网络各个子网的传输路径的路由项，因此，配置全球 IP 地址的远程终端 PC2 和 PC3 无法访问内部网络服务器 Web Server。

Routing Table for Router1

Type	Network	Port	Next Hop IP	Metric
C	192.168.1.0/24	FastEthernet0/0	---	0/0
C	192.168.2.0/24	FastEthernet0/1	---	0/0
C	192.168.3.0/24	FastEthernet1/0	---	0/0
S	192.168.4.0/24	---	192.168.3.2	1/0

图 6.18　Router1 路由表

Routing Table for Router2

Type	Network	Port	Next Hop IP	Metric
C	192.1.3.0/24	FastEthernet0/1	---	0/0
C	192.168.3.0/24	FastEthernet0/0	---	0/0
O	192.1.1.0/24	FastEthernet0/1	192.1.3.2	110/2
O	192.1.2.0/24	FastEthernet0/1	192.1.3.2	110/2
R	192.168.1.0/24	FastEthernet0/0	192.168.3.1	120/1
R	192.168.2.0/24	FastEthernet0/0	192.168.3.1	120/1

图 6.19　Router2 路由表

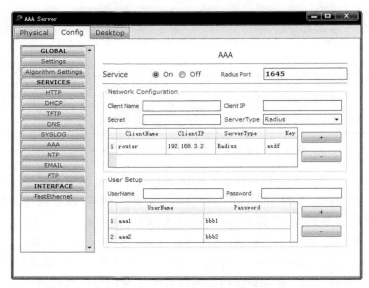

图 6.20 Router3 路由表

（3）完成 VPN 服务器（路由器 Router2）的配置，配置内容分为三部分：一是和建立 IP Sec 安全关联相关的配置，包括 ISAKMP 策略、IP Sec 变换集和加密映射，只是由于无法确定 IP Sec 安全关联的另一端，必须建立动态加密映射。二是客户组配置，为属于该客户组的远程终端配置共享密钥、内部网络本地 IP 地址池、子网掩码及其他网络配置信息。三是配置远程接入用户身份鉴别信息，配置 RADIUS 服务器信息（RADIUS 服务器 IP 地址和传输密钥），并在 AAA 服务器配置授权用户身份标识信息。AAA 服务器配置界面如图 6.21 所示。

图 6.21 AAA 服务器配置界面

（4）完成 VPN 服务器和 AAA 服务器配置后，通过启动 VPN 客户端程序开始远程接入过程。图 6.22 所示为 PC2 的 VPN 客户端配置界面，组名（Group Name）是在 VPN 服务器配置客户组时指定的客户组名字，组密钥（Group Key）是为该客户组配置的共享密钥，VPN 服务器 IP 地址（Server IP）是路由器 Router2 作用加密映射的接口的全球 IP 地址。用户名（Username）和口令（Password）必须是 AAA 服务器中配置的某个授权用户的用户标识信息。一旦终端远程接入成功，终端被分配内部网络本地 IP 地址。图 6.23 所示是 PC2 成功完成远程接入后分配的内部网络本地 IP 地址，它属于 VPN 服务器定义的本地 IP 地址池。VPN 服务器为远程终端分配内部网络本地 IP 地址的同时，建立以该内部网络本地 IP 地址为目的地址的路由项，路由项将该内部网络本地 IP 地址和 VPN 服务器与远程终端之间的安全隧道绑定在一起，因此，该路由项的下一跳是安全隧道另一端的全球 IP 地址，即该远程终端配置的全球 IP 地址。路由器 Router2 在完成 PC2 和 PC3 远程接入后的路由表如图 6.24 所示。

图 6.22 PC2 VPN 客户端配置界面

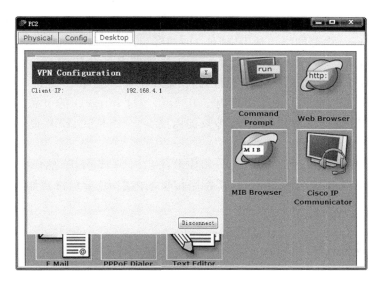

图 6.23 PC2 远程接入后分配的内部网络本地 IP 地址

Type	Network	Port	Next Hop IP	Metric
C	192.1.3.0/24	FastEthernet0/1	---	0/0
C	192.168.3.0/24	FastEthernet0/0	---	0/0
O	192.1.1.0/24	FastEthernet0/1	192.1.3.2	110/2
O	192.1.2.0/24	FastEthernet0/1	192.1.3.2	110/2
R	192.168.1.0/24	FastEthernet0/0	192.168.3.1	120/1
R	192.168.2.0/24	FastEthernet0/0	192.168.3.1	120/1
S	192.168.4.1/32	FastEthernet0/1	192.1.1.1	1/0
S	192.168.4.2/32	FastEthernet0/1	192.1.2.1	1/0

图 6.24 Router2 中增加的以远程接入终端为目的终端的路由项

（5）PC2 成功完成远程接入后，可以访问内部网络服务器，图 6.25 是 PC2 成功访问 Web Server 的界面。

图 6.25　PC2 成功访问 Web 服务器界面

（6）PC2 至 Web Server 的 IP 分组以 PC2 内部网络本地 IP 地址 192.168.4.1 为源 IP 地址，以 Web Server 内部网络本地 IP 地址 192.168.1.2 为目的 IP 地址，这样的 IP 分组无法完成 PC2 至路由器 Router2 这一段 Internet 传输路径的传输过程，因此必须封装成以 PC2 全球 IP 地址 192.1.1.1 为源 IP 地址，路由器 Router2 全球 IP 地址 192.1.3.1 为目的 IP 地址的外层 IP 分组格式。为了实现内层 IP 分组经过 Internet 的可靠传输，内层 IP 分组首先被封装成 ESP 报文，整个封装过程涉及的内层 IP 分组格式、ESP 报文格式、UDP 报文格式及外层 IP 分组格式如图 6.26 所示。

（7）VPN 服务器从到达的外层 IP 分组中分离出内层 IP 分组，然后经过内部网络将内层 IP 分组传输给 Web Server。经过内部网络传输的内层 IP 分组格式如图 6.27 所示。

6.3.5　命令行配置过程

1. Router1 命令行配置过程

```
Router>enable
Router#configure terminal
Router(config)#hostname Router1
Router1(config)#interface FastEthernet0/0
Router1(config-if)#no shutdown
Router1(config-if)#ip address 192.168.1.254 255.255.255.0
Router1(config-if)#exit
Router1(config)#interface FastEthernet0/1
Router1(config-if)#no shutdown
Router1(config-if)#ip address 192.168.2.254 255.255.255.0
Router1(config-if)#exit
```

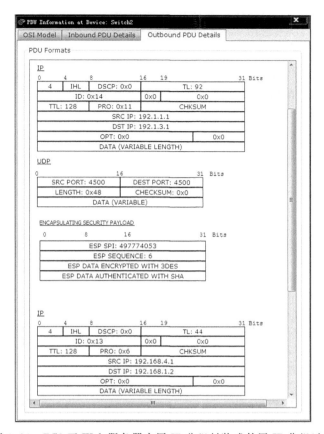

图 6.26 PC2 至 Web 服务器内层 IP 分组封装成外层 IP 分组过程

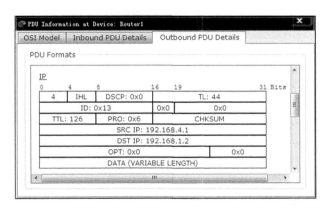

图 6.27 经过内部网络传输的 PC2 至 Web 服务器内层 IP 分组

```
Router1(config)#interface FastEthernet1/0
Router1(config-if)#no shutdown
Router1(config-if)#ip address 192.168.3.1 255.255.255.0
Router1(config-if)#exit
Router1(config)#ip route 192.168.4.0 255.255.255.0 192.168.3.2
Router1(config)#router rip
```

```
Router1(config-router)#network 192.168.1.0
Route1r(config-router)#network 192.168.2.0
Router1(config-router)#network 192.168.3.0
Router1(config-router)#exit
```

2. Router2 命令行配置过程

```
Router>enable
Router#configure terminal
Router(config)#hostname Router2
Router2(config)#interface FastEthernet0/0
Router2(config-if)#no shutdown
Router2(config-if)#ip address 192.168.3.2 255.255.255.0
Router2(config-if)#exit
Router2(config)#router rip
Router2(config-router)#network 192.168.3.0
Router2(config-router)#exit
Router2(config)#interface FastEthernet0/1
Router2(config-if)#no shutdown
Router2(config-if)#ip address 192.1.3.1 255.255.255.0
Router2(config-if)#exit
Router2(config)#router ospf 22
Router2(config-router)#network 192.1.3.0 0.0.0.255 area 1
Router2(config-router)#exit
Router2(config)#crypto isakmp policy 1
Router2(config-isakmp)#authentication pre-share
Router2(config-isakmp)#encryption aes 256
Router2(config-isakmp)#hash sha
Router2(config-isakmp)#group 2
Router2(config-isakmp)#lifetime 900
Router2(config-isakmp)#exit
Router2(config)#crypto isakmp client configuration group asdf
Router2(config-isakmp-group)#key asdf
Router2(config-isakmp-group)#pool vpnpool
Router2(config-isakmp-group)#netmask 255.255.255.0
Router2(config-isakmp-group)#exit
Router2(config)#crypto ipsec transform-set vpnt esp-3des esp-sha-hmac
Router2(config)#crypto dynamic-map vpn 10
Router2(config-crypto-map)#set transform-set vpnt
Router2(config-crypto-map)#reverse-route
Router2(config-crypto-map)#exit
Router2(config)#aaa new-model
Router2(config)#aaa authentication login vpna group radius
Router2(config)#aaa authorization network vpnb local
Router2(config)#radius-server host 192.168.1.1
Router2(config)#radius-server key asdf
```

```
Router2(config)#hostname router
router(config)#crypto map vpn client authentication list vpna
router(config)#crypto map vpn isakmp authorization list vpnb
router(config)#crypto map vpn client configuration address respond
router(config)#crypto map vpn 10 ipsec-isakmp dynamic vpn
router(config)#ip local pool vpnpool 192.168.4.1 192.168.4.100
router(config)#interface FastEthernet0/1
router(config-if)#crypto map vpn
router(config-if)#exit
```

3. Router3 命令行配置过程

```
Router>enable
Router#configure terminal
Router(config)#hostname Router3
Router3(config)#interface FastEthernet0/0
Router3(config-if)#no shutdown
Router3(config-if)#ip address 192.1.3.2 255.255.255.0
Router3(config-if)#exit
Router3(config)#interface FastEthernet0/1
Router3(config-if)#no shutdown
Router3(config-if)#ip address 192.1.1.254 255.255.255.0
Router3(config-if)#exit
Router3(config)#interface FastEthernet1/0
Router3(config-if)#no shutdown
Router3(config-if)#ip address 192.1.2.254 255.255.255.0
Router3(config-if)#exit
Router3(config)#router ospf 33
Router3(config-router)#network 192.1.1.0 0.0.0.255 area 1
Router3(config-router)#network 192.1.2.0 0.0.0.255 area 1
Router3(config-router)#network 192.1.3.0 0.0.0.255 area 1
Router3(config-router)#exit
```

4. 命令列表

路由器命令行配置过程中使用的命令及功能说明如表 6.3 所示。

表 6.3　命令列表

命 令 格 式	功能和参数说明
crypto isakmp client configuration group *group-name*	创建客户组,并进入客户组安全策略配置模式。参数 *group-name* 是客户组名
key *name*	配置 VPN 服务器与属于客户组的所有远程终端之间的共享密钥
Pool *pool-name*	指定客户组使用的 IP 地址池。参数 *pool-name* 为地址池名
netmask *name*	指定客户组使用的子网掩码

续表

命 令 格 式	功能和参数说明
crypto dynamic-map *dynamic-map-name dynamic-seq-num*	创建一个动态的加密映射,参数 *dynamic-map-name* 指定加密映射名,参数 *dynamic-seq-num* 用于为加密映射分配序号。同时进入加密映射配置模式
reverse-route	一是在路由表中自动增加通往远程终端的路由项,二是自动将目的地为该远程终端的 IP 分组加入需要经过安全关联传输的 IP 分组集
aaa authorization network {default | *list-name*} [*method*1 [*method*2...]]	定义用于鉴别是否授权访问网络的鉴别机制列表,鉴别机制通过参数 *method* 指定,Packet Tracer 常用的鉴别机制有 local(本地)、group radius(radius 服务器统一鉴别)等。可以为定义的鉴别机制列表分配名字,参数 *list-name* 用于为该鉴别机制列表指定名字。Default 选项将该鉴别机制列表作为默认列表
aaa authentication login {default | *list-name*} [*method*1 [*method*2...]]	定义用于鉴别远程登录用户身份的鉴别机制列表,鉴别机制通过参数 *method* 指定,Packet Tracer 常用的鉴别机制有 local(本地)、group radius(radius 服务器统一鉴别)等。可以为定义的鉴别机制列表分配名字,参数 *list-name* 用于为该鉴别机制列表指定名字。Default 选项将该鉴别机制列表作为默认列表
crypto map *map-name* client authentication list *list-name*	将安全关联建立过程与身份鉴别过程集成在一起。参数 *map-name* 指定加密映射名,参数 *list-name* 指定鉴别机制列表名
crypto map *map-name* isakmp authorization list *list-name*	将安全关联建立过程与访问网络权限鉴别过程集成在一起。参数 *map-name* 指定加密映射名,参数 *list-name* 指定鉴别机制列表名
crypto map *tag* client configuration address respond	将安全关联建立过程与地址配置集成在一起,参数 *tag* 指定加密映射名。表示路由器接受来自安全关联另一端的 IP 地址请求
crypto map *map-name seq-num* ipsec-isakmp dynamic *dynamic-map-name*	引用已经存在的动态加密映射作为指定的加密映射。参数 *map-name* 是指定加密映射名,参数 *seq-num* 是指定加密映射序号,参数 *dynamic-map-name* 是已经创建的动态加密映射名

第 7 章　IPv6 网络设计实验

IPv6 网络设计，一是需要掌握 IPv6 网络的连通过程，包括 IPv6 路由协议建立路由表过程。二是需要掌握两个被 IPv4 网络分隔的 IPv6 网络之间的通信过程。三是需要掌握 IPv4 网络与 IPv6 网络之间的通信过程。

7.1　基本配置实验

7.1.1　实验目的

一是掌握路由器接口 IPv6 地址和前缀长度配置过程。二是验证链路本地地址生成过程。三是验证邻站发现协议工作过程。四是验证 IPv6 网络的连通性。

7.1.2　实验原理

IPv6 互连网络结构如图 7.1 所示。路由器 R 的两个接口分别连接两个以太网，启动路由器接口的 IPv6 功能后，两个路由器接口自动生成链路本地地址。终端能够自动生成链路本地地址，一旦选择自动配置选项，在手工配置两个路由器接口的全球 IPv6 地址和前缀长度后，终端通过邻站发现协议获取和该终端连接在相同以太网上的路由器接口的全球 IPv6 地址前缀和链路本地地址，终端根据该路由器接口的全球 IPv6 地址前缀生成全球 IPv6 地址，以该路由器接口的链路本地地址为默认网关地址，在此基础上实现与连接在其他以太网上的终端之间的通信过程。

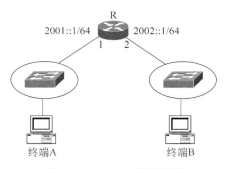

图 7.1　IPv6 互连网络结构

7.1.3　关键命令说明

1. 配置 IPv6 地址和启动路由器接口的 IPv6 功能

```
Router3(config)#interface FastEthernet0/0
Router3(config-if)#no shutdown
Router3(config-if)#ipv6 address 2001::1/64
Router3(config-if)#ipv6 enable
```

命令 ipv6 address 2001::1/64 是接口配置模式下使用的命令，该命令的作用是为指定接口(这里是接口 FastEthernet0/0)配置全球 IPv6 地址 2001::1 和地址前缀长度 64。如果需要配合终端的自动配置功能，地址前缀长度必须为 64。

命令 ipv6 enable 是接口配置模式下使用的命令，该命令的作用是启动指定接口(这里是接口 FastEthernet0/0)的 IPv6 功能。一旦启动接口的 IPv6 功能,该接口自动生成链路本地地址。为路由器接口配置 IPv6 地址的过程将自动启动该接口的 IPv6 功能。路由器默认功能是路由 IPv4 分组,因此需要路由器路由 IPv6 分组时,必须通过手工配置启动路由器和路由器接口的 IPv6 功能。

2. 启动 IPv6 分组转发功能

```
Router(config)#ipv6 unicast-routing
```

命令 ipv6 unicast-routing 是全局模式下使用的命令,该命令的作用是启动路由器转发单播 IPv6 分组的功能,执行该命令后,路由器才能路由 IPv6 分组。

7.1.4 实验步骤

(1) 启动 Packet Tracer,在逻辑工作区根据图 7.1 所示的互连网络结构放置和连接设备。逻辑工作区完成设备放置和连接后的界面如图 7.2 所示。

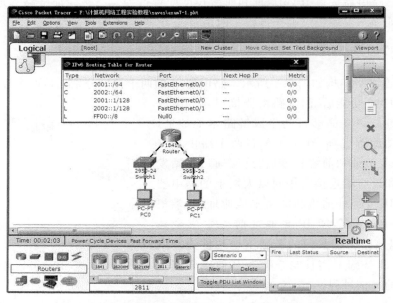

图 7.2 放置和连接设备后的逻辑工作区界面及路由表

(2) 为路由器接口配置全球 IPv6 地址和前缀长度。为接口 FastEthernet0/0 配置 IPv6 地址和前缀长度 2001::1/64,其中 2001::1 是接口的全球 Pv6 地址,64 是前缀长度。为接口 FastEthernet0/1 配置全球 IPv6 地址和前缀长度 2002::1/64。

(3) 开启路由器转发单播 IPv6 分组的功能。

(4) 选择终端的自动配置模式。终端 PC0 自动生成的链路本地地址和通过自动配置模式获得的全球 IPv6 地址如图 7.3 所示。终端 PC0 通过自动配置模式获得的路由器接口 FastEthernet0/0 的链路本地地址如图 7.4 所示,该路由器接口的链路本地地址成为终端 PC0 的默认网关地址。PC0、PC1 和路由器接口 FastEthernet0/0、FastEthernet0/1 的 MAC 地址如表 7.1 所示。PC0 的链路本地地址通过 PC0 的 MAC 地址导出,PC0 的全球 IPv6 地址通过路由器接口 FastEthernet0/0 的 64 位全球 IPv6 地址前缀和 PC0 的 MAC 地址导出。

同样,路由器接口 FastEthernet0/0 的链路本地地址通过该接口的 MAC 地址导出。

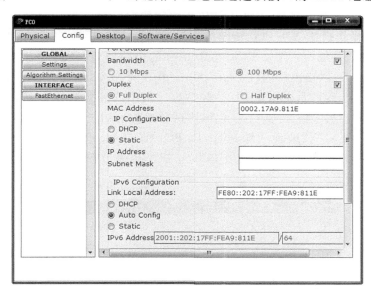

图 7.3　PC0 自动配置方式下获得的全球 IPv6 地址和链路本地地址

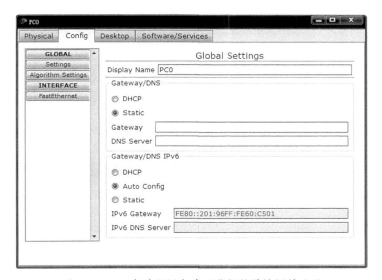

图 7.4　PC0 自动配置方式下获得的默认网关地址

表 7.1　终端和路由器接口 MAC 地址

终端或路由器接口	MAC 地址	终端或路由器接口	MAC 地址
PC0	0002.17A9.811E	FastEthernet0/0	0001.9660.C501
PC1	0030.F229.8B00	FastEthernet0/1	0001.9660.C502

(5)完成路由器接口配置后,路由器自动生成图 7.2 所示的路由表。其中类型 C 表示直连路由项,用于指明通往直接连接的 IPv6 网络的传输路径;L 表示本地接口地址,用于给

出为路由器接口配置的全球 IPv6 地址。

(6) 通过 Ping 操作验证终端 PC0 和 PC1 之间的连通性。

(7) 在模拟操作模式截获 PC0 传输给 PC1 的 IPv6 分组。PC0 至 PC1 IPv6 分组的传输路径由两段路径组成：一段是 PC0 至 Router 的传输路径，IPv6 分组封装成以 PC0 的 MAC 地址为源地址，以路由器接口 FastEthernet0/0 的 MAC 地址为目的地址的 MAC 帧，MAC 帧格式如图 7.5 所示。由于 MAC 帧数据字段中的数据是 IPv6 分组，类型字段值为十六进制值 86DD。另一段是 Router 至 PC1 的传输路径，IPv6 分组封装成以路由器接口 FastEthernet0/1 的 MAC 地址为源地址，以 PC1 的 MAC 地址为目的地址的 MAC 帧，MAC 帧格式如图 7.6 所示。IPv6 分组 PC0 至 PC1 传输过程中，源和目的 IPv6 地址是不变的。

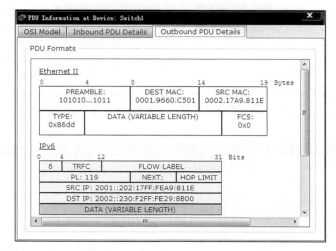

图 7.5　PC0→PC1 IPv6 分组 PC0 至 Router 这一段 MAC 帧格式

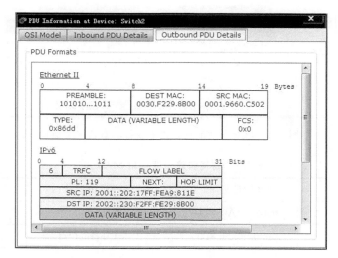

图 7.6　PC0→PC1 IPv6 分组 Router 至 PC1 这一段 MAC 帧格式

7.1.5　命令行配置过程

1. 路由器命令行配置过程

```
Router>enable
Router#configure terminal
Router(config)#interface FastEthernet0/0
Router(config-if)#no shutdown
Router(config-if)#ipv6 address 2001::1/64
Router(config-if)#ipv6 enable
Router(config-if)#exit
Router(config)#interface FastEthernet0/1
Router(config-if)#no shutdown
Router(config-if)#ipv6 address 2002::1/64
Router(config-if)#ipv6 enable
Router(config-if)#exit
Router(config)#ipv6 unicast-routing
```

2. 命令列表

路由器命令行配置过程中使用的命令及功能说明如表 7.2 所示。

表 7.2　命令列表

命　令　格　式	功能和参数说明
ipv6 address *ipv6-address/ prefix-length*	用于为路由器接口配置全球 IPv6 地址和前缀长度。参数 *ipv6-address* 是全球 IPv6 地址,参数 *prefix-length* 是前缀长度。前缀长度范围为 $1 \sim 128$
ipv6 enable	启动接口的 IPv6 功能,并自动生成接口的链路本地地址
ipv6 unicast-routing	启动路由器转发单播 IPv6 分组的功能

7.2　静态路由项配置实验

7.2.1　实验目的

一是掌握路由器接口 IPv6 地址和前缀长度配置过程。二是验证终端自动获取配置信息过程。三是掌握路由器静态路由项配置过程。四是验证 IPv6 网络的连通性。五是掌握 IPv6 分组逐跳转发过程。

7.2.2　实验原理

互连网络结构如图 7.7 所示。网络 2001::/64 和网络 2002::/64 分别连接在两个不同的路由器上,因此每一个路由器的路由表中必须包含用于指明通往没有与其直接连接的网络的传输路径的路由项,该路由项可以通过路由协议生成或手工配置。如果采取手工配置静态路由项的方式,需要通过分析图 7.7 所示的互连网络结构得出每一个路由器通往没有与其直接连接的网络的最短路径,并获得该最短路径上下一跳路由器的 IPv6 地址。对于路由器 R1,得出路由器 R1 通往网络 2002::/64 的最短路径为 R1→R2→网络 2002::/64,下一跳路由器的 IPv6 地址为 2003::2,并因此得出图 7.7 所示的路由器 R1 路由表中目的网络地址为 2002::/64 的静态路由项。

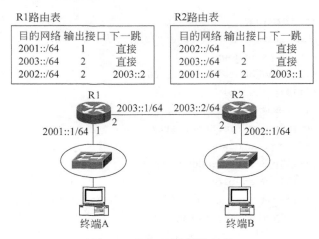

图 7.7　IPv6 互连网络结构

　　和 IPv4 互连网络相同,终端 A 至终端 B 的 IPv6 分组传输路径由三段路径组成;分别是终端 A 至路由器 R1,路由器 R1 至路由器 R2 和路由器 R2 至终端 B。IPv6 分组经过这三段路径传输时,源和目的 IPv6 地址保持不变,但封装该 IPv6 分组的 MAC 帧的源和目的地址分别是这三段路径始结点和终结点的 MAC 地址。如 IPv6 分组经过终端 A 至路由器 R1 这一段路径传输时,封装该 IPv6 分组的 MAC 帧的源 MAC 地址是终端 A 的 MAC 地址,目的 MAC 地址是路由器 R1 接口 1 的 MAC 地址。

7.2.3　关键命令说明

```
Router(config)#ipv6 route 2002::/64 2003::2
```

　　命令 ipv6 route 2002::/64 2003::2 是全局模式下使用的命令,该命令的作用是配置静态路由项。其中 2002::/64 是目的网络地址,2003::2 是下一跳路由器地址,目的网络地址中 2002:: 是除地址前缀外清零的 IPv6 地址,64 是前缀长度。

7.2.4　实验步骤

　　(1) 启动 Packet Tracer,在逻辑工作区根据图 7.7 所示的互连网络结构放置和连接设备。逻辑工作区完成设备放置和连接后的界面如图 7.8 所示。

　　(2) 按照图 7.7 所示配置信息完成各个路由器接口的 IPv6 地址和前缀长度的配置。在各个路由器中手工配置用于指明通往没有与其直接连接的网络的传输路径的静态路由项。完成上述配置后,路由器 Router1 和 Router2 的路由表分别如图 7.9 和图 7.10 所示,类型 S 表示静态路由项。

　　(3) 通过 Ping 操作验证终端 PC0 和 PC1 之间的连通性。

　　(4) 在模拟操作模式截获 PC0 传输给 PC1 的 IPv6 分组。PC0 至 PC1 的 IPv6 分组的

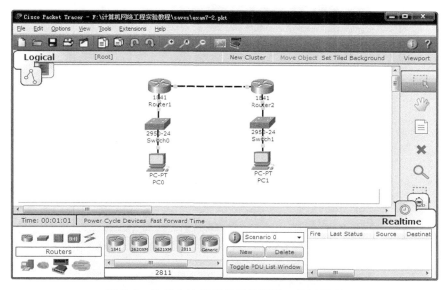

图 7.8　放置和连接设备后的逻辑工作区界面

IPv6 Routing Table for Router1

Type	Network	Port	Next Hop IP	Metric
C	2001::/64	FastEthernet0/0	---	0/0
C	2003::/64	FastEthernet0/1	---	0/0
L	2001::1/128	FastEthernet0/0	---	0/0
L	2003::1/128	FastEthernet0/1	---	0/0
L	FF00::/8	Null0	---	0/0
S	2002::/64	---	2003::2	1/0

图 7.9　路由器 Router1 路由表

IPv6 Routing Table for Router2

Type	Network	Port	Next Hop IP	Metric
C	2002::/64	FastEthernet0/0	---	0/0
C	2003::/64	FastEthernet0/1	---	0/0
L	2002::1/128	FastEthernet0/0	---	0/0
L	2003::2/128	FastEthernet0/1	---	0/0
L	FF00::/8	Null0	---	0/0
S	2001::/64	---	2003::1	1/0

图 7.10　路由器 Router2 路由表

传输路径由三段路径组成：第一段是 PC0 至 Router1 的传输路径，IPv6 分组封装成以 PC0 的 MAC 地址为源地址，以 Router1 接口 FastEthernet0/0 的 MAC 地址为目的地址的 MAC 帧，MAC 帧格式如图 7.11 所示。第二段是 Router1 至 Router2 的传输路径，IPv6 分组封装成以 Router1 接口 FastEthernet0/1 的 MAC 地址为源地址，以 Router2 接口 FastEthernet0/1 的 MAC 地址为目的地址的 MAC 帧，MAC 帧格式如图 7.12 所示。第三段是 Router2 至 PC1 的传输路径，IPv6 分组封装成以 Router2 接口 FastEthernet0/0 的 MAC 地址为源地址，以 PC1 的 MAC 地址为目的地址的 MAC 帧，MAC 帧格式如图 7.13 所示。IPv6 分组 PC0 至 PC1 传输过程中，源和目的 IPv6 地址是不变的。终端和路由器接口的 MAC 地址如表 7.3 所示。

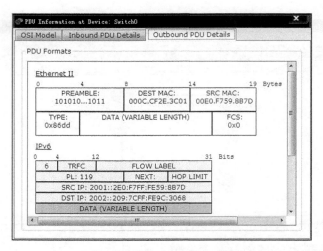

图 7.11　PC0→PC1 IPv6 分组 PC0 至 Router1 这一段 MAC 帧格式

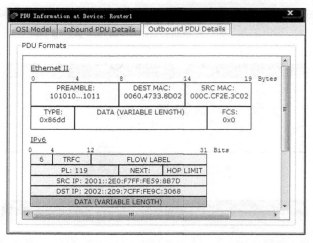

图 7.12　PC0→PC1 IPv6 分组 Router1 至 Router2 这一段 MAC 帧格式

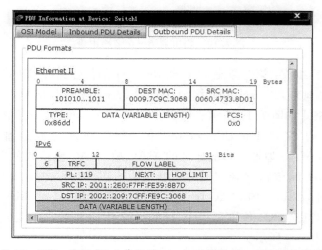

图 7.13　PC0→PC1 IPv6 分组 Router2 至 PC1 这一段 MAC 帧格式

表 7.3　终端和路由器接口 MAC 地址

终端或路由器接口	MAC 地址	终端或路由器接口	MAC 地址
PC0	00E0. F759. 8B7D	Router1 接口 FastEthernet0/1	000C. CF2E. 3C02
PC1	0009. 7C9C. 3068	Router2 接口 FastEthernet0/0	0060. 4733. 8D01
Router1 接口 FastEthernet0/0	000C. CF2E. 3C01	Router2 接口 FastEthernet0/1	0060. 4733. 8D02

7.2.5　命令行配置过程

1. Router1 命令行配置过程

```
Router>enable
Router#configure terminal
Router(config)#hostname Router1
Router1(config)#interface FastEthernet0/0
Router1(config-if)#no shutdown
Router1(config-if)#ipv6 address 2001::1/64
Router1(config-if)#ipv6 enable
Router1(config-if)#exit
Router1(config)#interface FastEthernet0/1
Router1(config-if)#no shutdown
Router1(config-if)#ipv6 address 2003::1/64
Router1(config-if)#ipv6 enable
Router1(config-if)#exit
Router1(config)#ipv6 unicast-routing
Router1(config)#ipv6 route 2002::/64 2003::2
```

2. Router2 命令行配置过程

```
Router>enable
Router#configure terminal
Router(config)#hostname Router2
Router2(config)#interface FastEthernet0/0
Router2(config-if)#no shutdown
Router2(config-if)#ipv6 address 2002::1/64
Router2(config-if)#ipv6 enable
Router2(config-if)#exit
Router2(config)#interface FastEthernet0/1
Router2(config-if)#no shutdown
Router2(config-if)#ipv6 address 2003::2/64
Router2(config-if)#ipv6 enable
Router2(config-if)#exit
Router2(config)#ipv6 unicast-routing
Router2(config)#ipv6 route 2001::/64 2003::1
```

3. 命令列表

路由器命令行配置过程中使用的命令及功能说明如表 7.4 所示。

表 7.4 命令列表

命令格式	功能和参数说明
ipv6 route *ipv6-prefix*/*prefix-length ipv6-address*	配置静态路由项,参数 *ipv6-prefix*/*prefix-length* 用于指定目的网络地址,其中 *ipv6-prefix* 是地址前缀,*prefix-length* 是前缀长度。参数 *ipv6-address* 用于指定下一跳路由器地址

7.3 RIP 配置实验

7.3.1 实验目的

一是掌握路由器接口 IPv6 地址和前缀长度的配置过程。二是验证终端自动获取配置信息的过程。三是掌握路由器 RIP 配置过程。四是验证 RIP 建立动态路由项过程。五是验证 IPv6 网络的连通性。

7.3.2 实验原理

互连网络结构如图 7.14 所示。路由器 R1、R2 和 R3 分别连接网络 2001::/64、2002::/64 和 2003::/64,用网络 2004::/64 互连三个路由器,每一个路由器通过 RIP 建立用于指明通往其他两个没有与其直接连接的网络的传输路径的路由项。终端 D 可以选择三个路由器连接网络 2004::/64 的三个接口中任何一个接口的链路本地地址作为默认网关地址。

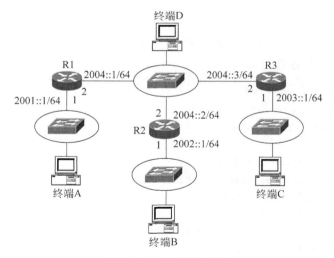

图 7.14 互连网络结构

7.3.3 关键命令说明

1. 启动 RIP 路由进程

```
Router(config)#ipv6 router rip a1
Router(config-rtr)#
```

命令 ipv6 router rip a1 是全局模式下使用的命令,该命令的作用是启动 RIP 路由进程,并进入 RIP 配置模式。a1 是 RIP 进程标识符,用于唯一标识启动的 RIP 路由进程。Router(config-rtr)♯是 RIP 配置模式下的命令提示符。

2. 指定参与 RIP 创建动态路由项过程的接口

```
Router(config)#interface FastEthernet0/0
Router(config-if)#ipv6 rip a1 enable
```

命令 ipv6 rip a1 enable 是接口配置模式下使用的命令,该命令的作用是指定参与 RIP 创建动态路由项过程的接口(这里是路由器接口 FastEthernet0/0),一旦某个接口参与 RIP 创建动态路由项的过程,一是其他路由器将创建用于指明通往该接口连接的网络的传输路径的动态路由项;二是该接口将发送、接收 RIP 路由消息。a1 是 RIP 进程标识符,表明该接口参与进程标识符为 a1 的 RIP 路由进程创建动态路由项的过程。进程标识符由启动 RIP 路由进程的命令分配。

7.3.4　实验步骤

(1) 启动 Packet Tracer,在逻辑工作区根据图 7.14 所示的互连网络结构放置和连接设备。逻辑工作区完成设备放置和连接后的界面如图 7.15 所示。

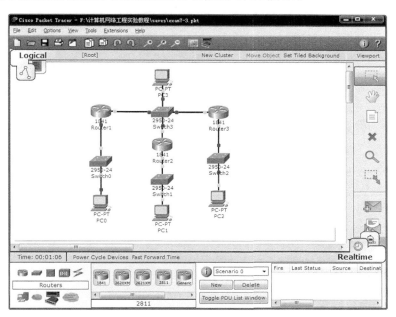

图 7.15　放置和连接设备后的逻辑工作区界面

(2) 按照图 7.14 所示配置信息完成各个路由器接口的 IPv6 地址和前缀长度的配置。

(3) 在各个路由器中启动 RIP 路由进程,指定参与 RIP 路由进程创建动态路由项过程的接口。完成上述配置后,路由器 Router1、Router2 和 Router3 分别建立图 7.16、图 7.17 和图 7.18 所示的完整路由表,类型为 R 的路由项是由 RIP 建立的动态路由项。表 7.5 给出了三个路由器连接网络 2004∶∶/64 的接口的 MAC 地址,类型为 R 的路由项中的下一跳地址是这些路由器接口的链路本地地址。

（4）通过 Ping 操作验证各个终端之间的连通性。

IPv6 Routing Table for Router1

Type	Network	Port	Next Hop IP	Metric
C	2001::/64	FastEthernet0/0	---	0/0
C	2004::/64	FastEthernet0/1	---	0/0
L	2001::1/128	FastEthernet0/0	---	0/0
L	2004::1/128	FastEthernet0/1	---	0/0
L	FF00::/8	Null0	---	0/0
R	2002::/64	FastEthernet0/1	FE80::201:43FF:FE62:DB02	120/2
R	2003::/64	FastEthernet0/1	FE80::250:FFF:FEAA:B802	120/2

图 7.16　路由器 Router1 路由表

IPv6 Routing Table for Router2

Type	Network	Port	Next Hop IP	Metric
C	2002::/64	FastEthernet0/0	---	0/0
C	2004::/64	FastEthernet0/1	---	0/0
L	2002::1/128	FastEthernet0/0	---	0/0
L	2004::2/128	FastEthernet0/1	---	0/0
L	FF00::/8	Null0	---	0/0
R	2001::/64	FastEthernet0/1	FE80::2E0:F7FF:FE73:9A02	120/2
R	2003::/64	FastEthernet0/1	FE80::250:FFF:FEAA:B802	120/2

图 7.17　路由器 Router2 路由表

IPv6 Routing Table for Router3

Type	Network	Port	Next Hop IP	Metric
C	2003::/64	FastEthernet0/0	---	0/0
C	2004::/64	FastEthernet0/1	---	0/0
L	2003::1/128	FastEthernet0/0	---	0/0
L	2004::3/128	FastEthernet0/1	---	0/0
L	FF00::/8	Null0	---	0/0
R	2001::/64	FastEthernet0/1	FE80::2E0:F7FF:FE73:9A02	120/2
R	2002::/64	FastEthernet0/1	FE80::201:43FF:FE62:DB02	120/2

图 7.18　路由器 Router3 路由表

表 7.5　路由器接口 MAC 地址

终端或路由器接口	MAC 地址	终端或路由器接口	MAC 地址
Router1 接口 FastEthernet0/1	00E0.F773.9A02	Router3 接口 FastEthernet0/1	0050.0FAA.B802
Router2 接口 FastEthernet0/1	0001.4362.DB02		

7.3.5　命令行配置过程

1. Router1 命令行配置过程

```
Router>enable
Router#configure terminal
Router(config)#hostname Router1
Router1(config)#interface FastEthernet0/0
Router1(config-if)#no shutdown
Router1(config-if)#ipv6 address 2001::1/64
Router1(config-if)#ipv6 enable
Router1(config-if)#exit
```

```
Router1(config)#interface FastEthernet0/1
Router1(config-if)#no shutdown
Router1(config-if)#ipv6 address 2004::1/64
Router1(config-if)#ipv6 enable
Router1(config-if)#exit
Router1(config)#ipv6 unicast-routing
Router1(config)#ipv6 router rip a1
Router1(config-rtr)#exit
Router1(config)#interface FastEthernet0/0
Router1(config-if)#ipv6 rip a1 enable
Router1(config-if)#exit
Router1(config)#interface FastEthernet0/1
Router1(config-if)#ipv6 rip a1 enable
Router1(config-if)#exit
```

Router2 和 Router3 命令行配置过程与 Router1 相似,不再赘述。

2. 命令列表

路由器命令行配置过程中使用的命令及功能说明如表 7.6 所示。

表 7.6　命令列表

命 令 格 式	功能和参数说明
ipv6 router rip *word*	启动路由器 RIP 路由进程,并进入 RIP 配置模式。参数 *word* 是用户分配的 RIP 路由进程标识符
ipv6 rip *name* enable	指定参与 RIP 路由进程创建动态路由项过程的接口,参数 *name* 是 RIP 路由进程标识符,由启动 RIP 路由进程的命令分配

7.4　单区域 OSPF 配置实验

7.4.1　实验目的

一是掌握路由器接口 IPv6 地址和前缀长度配置过程。二是验证终端自动获取配置信息的过程。三是掌握路由器 OSPF 配置过程。四是验证 OSPF 建立动态路由项过程。五是验证 IPv6 网络的连通性。

7.4.2　实验原理

互连网络结构如图 7.19 所示 4 个路由器构成一个区域 area 1,路由器 R11 和路由器 R13 连接 IPv6 网络 2001::/64 和 2002::/64 的接口需要配置全球 IPv6 地址 2001::1/64

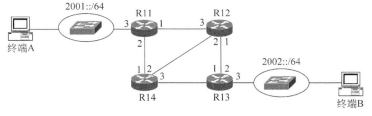

图 7.19　互连网络结构

和 2002::1/64,路由器其他接口只需启动 IPv6 功能,某个路由器接口一旦启动 IPv6 功能,将自动生成链路本地地址。可以用路由器接口的链路本地地址实现相邻路由器之间 OSPF 报文传输和解析下一跳链路层地址的功能。

7.4.3 关键命令说明

1. 启动 OSPF 路由进程并分配路由器标识符

```
Router(config)#ipv6 router ospf 11
Router(config-rtr)#router-id 192.1.1.11
```

命令 ipv6 router ospf 11 是全局模式下使用的命令,该命令的作用是启动 OSPF 路由进程,并进入 OSPF 配置模式,11 是用户分配的进程标识符。Router(config-rtr)♯是 OSPF 配置模式下的命令提示符。

命令 router-id 192.1.1.11 是 OSPF 配置模式下使用的命令,该命令的作用是为路由器分配标识符 192.1.1.11,每一个路由器的标识符必须是唯一的。Packet Tracer 只支持 IPv4 地址作为路由器标识符。

2. 指定参与 OSPF 创建动态路由项过程的接口

```
Router(config)#interface FastEthernet0/0
Router(config-if)#ipv6 ospf 11 area 1
```

命令 ipv6 ospf 11 area 1 是接口配置模式下使用的命令,该命令的作用是指定参与 OSPF 路由进程创建动态路由项过程的接口(这里是路由器接口 FastEthernet0/0),并确定该接口所属的 OSPF 区域。一旦某个接口参与 OSPF 路由进程创建动态路由项的过程,一是其他路由器将创建用于指明通往该接口连接的网络的传输路径的动态路由项;二是该接口将发送、接收 OSPF 路由消息。11 是 OSPF 路由进程标识符,表明该接口参与进程标识符为 11 的 OSPF 路由进程创建动态路由项的过程。进程标识符由启动 OSPF 路由进程的命令分配。1 是区域标识符,表明该接口属于区域 1。

7.4.4 实验步骤

(1) 启动 Packet Tracer,在逻辑工作区根据图 7.19 所示的互连网络结构放置和连接设备。逻辑工作区完成设备放置和连接后的界面如图 7.20 所示。

(2) 完成路由器接口 IPv6 地址和前缀长度配置,只需对连接末端网络的接口配置 IPv6 地址和前缀长度,其他路由器接口只需启动 IPv6 功能,某个路由器接口一旦启动 IPv6 功能,将自动生成链路本地地址。

(3) 完成路由器 OSPF 相关配置,一是启动 OSPF 路由进程,并在 OSPF 配置模式下为路由器分配唯一的路由器标识符。二是指定参与 OSPF 路由进程创建动态路由项过程的接口。必须在启动路由器转发单播 IPv6 分组功能后进行 OSPF 相关配置。

(4) 完成 OSPF 配置后,路由器 Router11、Router12、Router13 和 Router14 建立图 7.21～图 7.24 所示的完整路由表。类型为 O 的路由项是 OSPF 建立的动态路由项,对于路由器 Router11,两项不同的路由项指明了两条下一跳不同,但距离相同的通往 IPv6 网络 2002::/64 的传输路径,路由器 Router11 可以将目的网络为 2002::/64 的 IPv6 分组均衡地分配到这两条路径上。

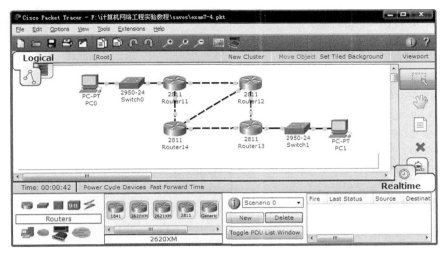

图 7.20　放置和连接设备后的逻辑工作区界面

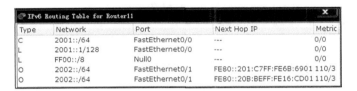

图 7.21　路由器 Router11 路由表

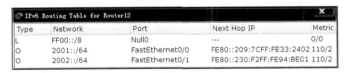

图 7.22　路由器 Router12 路由表

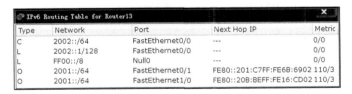

图 7.23　路由器 Router13 路由表

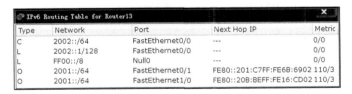

图 7.24　路由器 Router14 路由表

（5）通过 Ping 操作验证 PC0 和 PC1 之间的连通性。

7.4.5 命令行配置过程

1. Router11 命令行配置过程

```
Router>enable
Router#configure terminal
Router(config)#hostname Router11
Router11(config)#interface FastEthernet0/0
Router11(config-if)#no shutdown
Router11(config-if)#ipv6 address 2001::1/64
Router11(config-if)#ipv6 enable
Router11(config-if)#exit
Router11(config)#interface FastEthernet0/1
Router11(config-if)#no shutdown
Router11(config-if)#ipv6 enable
Router11(config-if)#exit
Router11(config)#interface FastEthernet1/0
Router11(config-if)#no shutdown
Router11(config-if)#ipv6 enable
Router11(config-if)#exit
Router11(config)#ipv6 unicast-routing
Router11(config)#ipv6 router ospf 11
Router11(config-rtr)#router-id 192.1.1.11
Router11(config-rtr)#exit
Router11(config)#interface FastEthernet0/0
Router11(config-if)#ipv6 ospf 11 area 1
Router11(config-if)#exit
Router11(config)#interface FastEthernet0/1
Router11(config-if)#ipv6 ospf 11 area 1
Router11(config-if)#exit
Router11(config)#interface FastEthernet1/0
Router11(config-if)#ipv6 ospf 11 area 1
Router11(config-if)#exit
```

2. Router12 命令行配置过程

```
Router>enable
Router#configure terminal
Router(config)#hostname Router12
Router12(config)#interface FastEthernet0/0
Router12(config-if)#no shutdown
Router12(config-if)#ipv6 enable
Router12(config-if)#exit
Router12(config)#interface FastEthernet0/1
Router12(config-if)#no shutdown
Router12(config-if)#ipv6 enable
```

```
Router12(config-if)#exit
Router12(config)#interface FastEthernet1/0
Router12(config-if)#no shutdown
Router12(config-if)#ipv6 enable
Router12(config-if)#exit
Router12(config)#ipv6 unicast-routing
Router12(config)#ipv6 router ospf 12
Router12(config-rtr)#router-id 192.1.1.12
Router12(config-rtr)#exit
Router12(config)#interface FastEthernet0/0
Router12(config-if)#ipv6 ospf 12 area 1
Router12(config-if)#exit
Router12(config)#interface FastEthernet0/1
Router12(config-if)#ipv6 ospf 12 area 1
Router12(config-if)#exit
Router12(config)#interface FastEthernet1/0
Router12(config-if)#ipv6 ospf 12 area 1
Router12(config-if)#exit
```

其他路由器命令行配置过程与此相似,不再赘述。

3. 命令列表

路由器命令行配置过程中使用的命令及功能说明如表 7.7 所示。

表 7.7　命令列表

命 令 格 式	功能和参数说明
ipv6 router ospf *process-id*	启动路由器 OSPF 路由进程,并进入 OSPF 配置模式。参数 *process-id* 是用户分配的 OSPF 路由进程标识符
ipv6 ospf *process-id* area *area-id*	指定参与 OSPF 路由进程创建动态路由项过程的接口。参数 *process-id* 是 OSPF 路由进程标识符,由启动 OSPF 路由进程的命令分配。参数 *area-id* 是区域标识符,用于指定接口所属的区域
router-id *ip-address*	为路由器分配唯一标识符。参数 *ip-address* 是 IPv4 地址格式的路由器标识符

7.5　双协议栈配置实验

7.5.1　实验目的

一是掌握路由器接口 IPv4 地址和子网掩码与 IPv6 地址和前缀长度的配置过程。二是掌握路由器 IPv4 静态路由项和 IPv6 静态路由项的配置过程。三是验证 IPv4 网络和 IPv6 网络共存于一个物理网络的工作机制。四是验证 IPv4 网络终端之间的连通性。五是验证 IPv6 网络终端之间的连通性。

7.5.2　实验原理

实现双协议栈的互连网络结构如图 7.25 所示,路由器每一个接口同时配置 IPv4 地址和子网掩码与 IPv6 地址和前缀长度,以此表示该路由器接口同时连接 IPv4 网络和 IPv6 网络。图 7.25 中的每一个物理路由器相当于被划分为两个逻辑路由器,每一个逻辑路由器用于转发 IPv4 或 IPv6 分组,因此每一个路由器分别启动 IPv4 和 IPv6 路由进程,分别建立 IPv4 和 IPv6 路由表。同一物理路由器中的两个逻辑路由器之间是相互透明的,因此图 7.25 所示物理互连网络结构完全等同于两个逻辑互连网络,其中一个逻辑互连网络实现 IPv4 网络互连,另一个逻辑互连网络实现 IPv6 网络互连。

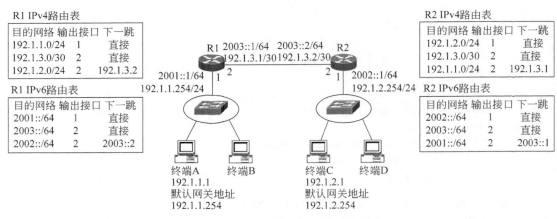

图 7.25　实现双协议栈的互连网络结构

图 7.25 中的终端 A 和终端 C 分别连接在两个不同的 IPv4 网络上,终端 B 和终端 D 分别连接在两个不同的 IPv6 网络上。当路由器工作在双协议栈工作机制时,图 7.25 所示的 IPv4 网络和 IPv6 网络是相互独立的网络,因此属于 IPv4 网络的终端和属于 IPv6 网络的终端之间不能通信。当然,如果某个终端也支持双协议栈,同时配置 IPv4 网络和 IPv6 网络相关信息,该终端既可以与属于 IPv4 网络的终端通信,又可以与属于 IPv6 网络的终端通信。

7.5.3　实验步骤

(1) 启动 Packet Tracer,在逻辑工作区根据图 7.25 所示的互连网络结构放置和连接设备。逻辑工作区完成设备放置和连接后的界面如图 7.26 所示。

(2) 根据图 7.25 所示配置信息完成路由器各个接口的 IPv4 地址和子网掩码与 IPv6 地址和前缀长度的配置。

(3) 路由器 Router1 分别配置用于指明通往 IPv4 网络 192.1.2.0/24 和 IPv6 网络 2002::/64 的传输路径的静态路由项,路由器 Router2 分别配置用于指明通往 IPv4 网络 192.1.1.0/24 和 IPv6 网络 2001::/64 的传输路径的静态路由项。完成上述配置后的路由器 Router1、Router2 的 IPv4 路由表如图 7.27 和图 7.28 所示。路由器 Router1、Router2 的 IPv6 路由表如图 7.29 和图 7.30 所示。

(4) 为终端 PC0 和 PC2 手工配置 IPv4 地址、子网掩码和默认网关地址。终端 PC1 和 PC3 通过自动配置方式获得全球 IPv6 地址和默认网关地址。

(5) 通过 Ping 操作验证 IPv4 网络内终端之间连通性,IPv6 网络内终端之间连通性。

(6) 可以同时为 PC0 配置 IPv4 网络和 IPv6 网络的相关信息,如图 7.31 和图 7.32 所示,这样 PC0 可以同时与 IPv4 网络和 IPv6 网络中的终端通信。

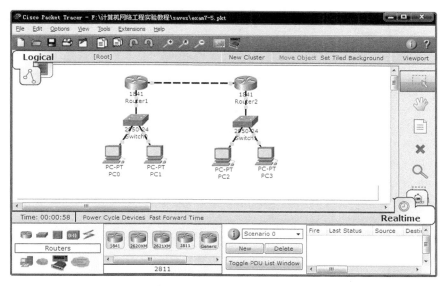

图 7.26　放置和连接设备后的逻辑工作区界面

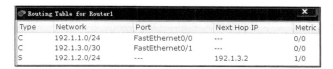

Type	Network	Port	Next Hop IP	Metric
C	192.1.1.0/24	FastEthernet0/0	---	0/0
C	192.1.3.0/30	FastEthernet0/1	---	0/0
S	192.1.2.0/24	---	192.1.3.2	1/0

图 7.27　路由器 Router1 IPv4 路由表

Type	Network	Port	Next Hop IP	Metric
C	192.1.2.0/24	FastEthernet0/0	---	0/0
C	192.1.3.0/30	FastEthernet0/1	---	0/0
S	192.1.1.0/24	---	192.1.3.1	1/0

图 7.28　路由器 Router2 IPv4 路由表

IPv6 Routing Table for Router1

Type	Network	Port	Next Hop IP	Metric
C	2001::/64	FastEthernet0/0	---	0/0
C	2003::/64	FastEthernet0/1	---	0/0
L	2001::1/128	FastEthernet0/0	---	0/0
L	2003::1/128	FastEthernet0/1	---	0/0
L	FF00::/8	Null0	---	0/0
S	2002::/64	---	2003::2	1/0

图 7.29　路由器 Router1 IPv6 路由表

IPv6 Routing Table for Router2

Type	Network	Port	Next Hop IP	Metric
C	2002::/64	FastEthernet0/0	---	0/0
C	2003::/64	FastEthernet0/1	---	0/0
L	2002::1/128	FastEthernet0/0	---	0/0
L	2003::2/128	FastEthernet0/1	---	0/0
L	FF00::/8	Null0	---	0/0
S	2001::/64	---	2003::1	1/0

图 7.30　路由器 Router2 IPv6 路由表

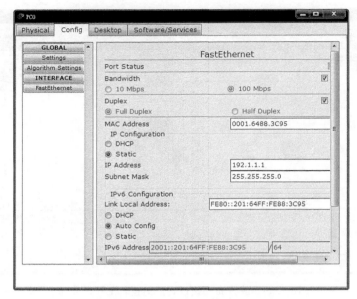

图 7.31 PC0 IPv4 和 IPv6 地址

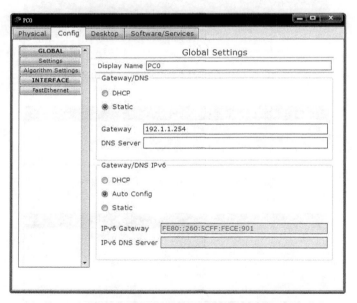

图 7.32 PC0 IPv4 和 IPv6 默认网关地址

7.5.4 命令行配置过程

1. 路由器 Router1 命令行配置过程

```
Router>enable
Router#configure terminal
Router(config)#hostname Router1
Router1(config)#interface FastEthernet0/0
```

```
Router1(config-if)#no shutdown
Router1(config-if)#ip address 192.1.1.254 255.255.255.0
Router1(config-if)#ipv6 address 2001::1/64
Router1(config-if)#ipv6 enable
Router1(config-if)#exit
Router1(config)#interface FastEthernet0/1
Router1(config-if)#no shutdown
Router1(config-if)#ip address 192.1.3.1 255.255.255.252
Router1(config-if)#ipv6 address 2003::1/64
Router1(config-if)#ipv6 enable
Router1(config-if)#exit
Router1(config)#ipv6 unicast-routing
Router1(config)#ip route 192.1.2.0 255.255.255.0 192.1.3.2
Router1(config)#ipv6 route 2002::/64 2003::2
```

2. 路由器 Router2 命令行配置过程

```
Router>enable
Router#configure terminal
Router(config)#hostname Router2
Router2(config)#interface FastEthernet0/0
Router2(config-if)#no shutdown
Router2(config-if)#ip address 192.1.2.254 255.255.255.0
Router2(config-if)#ipv6 address 2002::1/64
Router2(config-if)#ipv6 enable
Router2(config-if)#exit
Router2(config)#interface FastEthernet0/1
Router2(config-if)#no shutdown
Router2(config-if)#ip address 192.1.3.2 255.255.255.252
Router2(config-if)#ipv6 address 2003::2/64
Router2(config-if)#ipv6 enable
Router2(config-if)#exit
Router2(config)#ipv6 unicast-routing
Router2(config)#ip route 192.1.1.0 255.255.255.0 192.1.3.1
Router2(config)#ipv6 route 2001::/64 2003::1
```

7.6 隧道配置实验

7.6.1 实验目的

一是掌握路由器双协议栈配置过程。二是掌握隧道配置过程。三是掌握 IPv6 IP 封装过程。四是验证两个被 IPv4 网络分隔的 IPv6 网络之间的通信过程。五是验证 RIP 和 OSPF 分别创建 IPv6 网络和 IPv4 网络路由项的过程。

7.6.2 实验原理

网络结构如图 7.33 所示。路由器 R1 和 R2 分别连接 IPv6 网络 2001::/64 和 2002::/64，

但路由器 R1 和 R2 之间被 IPv4 网络分隔。为了实现 IPv6 网络 2001::/64 和 2002::/64 之间的通信过程,需要在路由器 R1 和 R2 连接 IPv4 网络的接口之间创建隧道。对于 IPv6 网络,隧道等同于点对点链路,可以为点对点链路两端分配 IPv6 地址。这样,对于 IPv6 网络而言,路由器 R1 和 R2 之间由两端分配 IPv6 地址的点对点链路互连,实际用于互连路由器 R1 和 R2 的 IPv4 网络对 IPv6 网络是透明的。

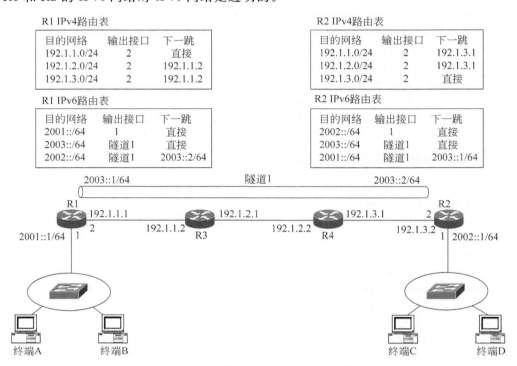

图 7.33　隧道实现 IPv6 网络互连的结构

1. 建立路由器 R1 与 R2 之间的传输路径

创建隧道前,首先需要建立路由器 R1 与 R2 之间的传输路径。在路由器 R1、R3、R4 和 R2 上启动 OSPF 路由进程,指定路由器 R3 和 R4 的所有接口,路由器 R1 和 R2 连接 IPv4 网络的接口参与 OSPF 创建动态路由项的过程。图 7.33 中路由器 R1 和 R2 的 IPv4 路由表中给出用于指明路由器 R1 与 R2 之间传输路径的路由项。

2. 创建隧道

隧道两端是路由器 R1 和 R2 连接 IPv4 网络的接口,在 IPv4 网络中指定隧道两端接口及接口的 IPv4 地址。为隧道两端分配 IPv6 地址,这样对于 IPv6 网络,路由器 R1 和 R2 由两端分配 IPv6 地址的点对点链路互连。隧道两端分配的 IPv6 地址如图 7.33 所示。

3. 建立两个 IPv6 网络之间的传输路径

对于 IPv6 网络,创建隧道后,路由器 R1 和 R2 由两端分配 IPv6 地址的点对点链路互连,因此对于路由器 R1,路由器 R2 是通往 IPv6 网络 2002::/64 的下一跳。同样,对于路由器 R2,路由器 R1 是通往 IPv6 网络 2001::/64 的下一跳。图 7.33 中路由器 R1 和 R2 的 IPv6 路由表表明了这一情况。需要说明的是,如果路由器 R1 和 R2 中用于指明通往没有与其直接连接的 IPv6 网络的传输路径的路由项由 RIP 路由进程创建,下一跳地址是隧道接口的链路本地地址,而不是手工配置的全球 IPv6 地址。

7.6.3　关键命令说明

1. 配置隧道

```
Router(config)#interface tunnel 1
Router(config-if)#ipv6 address 2003::1/64
Router(config-if)#tunnel source FastEthernet0/1
Router(config-if)#tunnel destination 192.1.3.2
Router(config-if)#tunnel mode ipv6ip
Router(config-if)#exit
```

命令 interface tunnel 1 是全局模式下使用的命令,该命令的作用: 一是创建编号为 1 的 IP 隧道接口;二是进入该隧道接口的隧道接口配置模式。

命令 ipv6 address 2003::1/64 是隧道接口配置模式下使用的命令,为隧道接口配置 IPv6 地址 2003::1/64。通过为隧道两端配置 IPv6 地址,使得隧道等同于点对点链路。

命令 tunnel source FastEthernet0/1 是隧道接口配置模式下使用的命令,用于指定本路由器所连接的隧道一端(称为隧道源端)的 IPv4 地址。该命令通过指定本路由器连接 IPv4 网络的物理接口确定隧道源端的 IPv4 地址为该物理接口配置的 IPv4 地址。

命令 tunnel destination 192.1.3.2 是隧道接口配置模式下使用的命令,用于指定隧道另一端(目的端)的 IPv4 地址。隧道两端分别是两个直接连接 IPv6 网络的路由器连接 IPv4 网络的接口。

命令 tunnel mode ipv6ip 是隧道接口配置模式下使用的命令,该命令的作用是指定隧道封装格式。ipv6ip 隧道封装格式是将内层 IPv6 分组作为外层 IPv4 分组的净荷,外层 IPv4 分组的源和目的 IPv4 地址是隧道两端的 IPv4 地址,该外层 IPv4 分组经过 IPv4 网络实现从隧道一端到隧道另一端的传输过程。

2. 配置 IPv6 网络传输路径

```
Router(config)#ipv6 router rip a1
Router(config-rtr)#exit
Router(config)#interface FastEthernet0/0
Router(config-if)#ipv6 rip a1 enable
Router(config-if)#exit
Router(config)#interface tunnel 1
Router(config-if)#ipv6 rip a1 enable
Router(config-if)#exit
```

上述命令是将路由器直接连接 IPv6 网络的物理接口 FastEthernet0/0 与编号为 1 的隧道接口指定为参与 RIP 创建动态路由项过程的接口。这种情况下,隧道成为实现两个路由器互连的点对点链路,某个路由器连接隧道的一端成为另一个路由器通往该路由器直接连接的 IPv6 网络的传输路径的下一跳。

7.6.4　实验步骤

(1) 启动 Packet Tracer,在逻辑工作区根据图 7.33 所示的隧道结构放置和连接设备。

完成设备放置和连接后的逻辑工作区界面如图 7.34 所示。

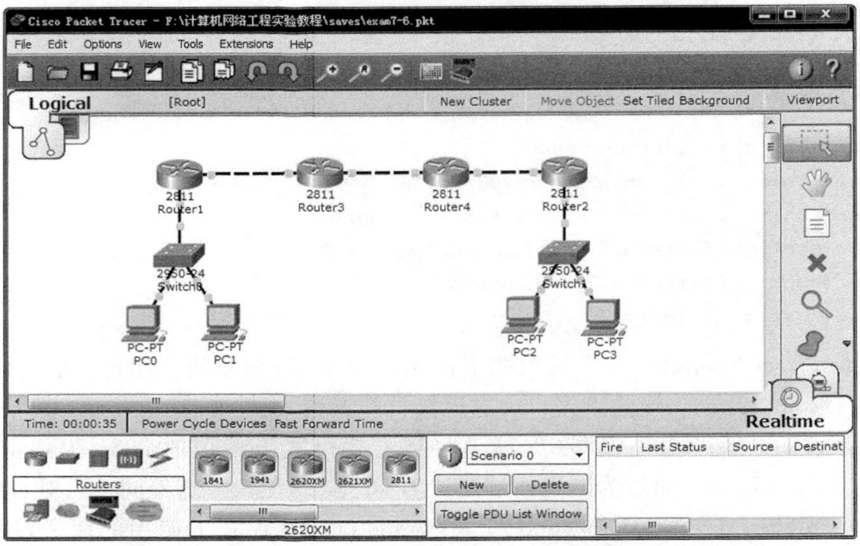

图 7.34　放置和连接设备后的逻辑工作区界面

（2）根据图 7.33 所示的配置信息完成各个路由器（Router1～Router4）接口的 IP 地址和子网掩码配置，将属于 IPv4 网络的路由器接口配置成 OSPF 区域 1 接口，这些接口包括路由器 Router3 和 Router4 的全部接口和路由器 Router1 和 Router2 连接 IPv4 网络的接口。完成 OSPF 配置后，IPv4 网络中各个路由器（包括路由器 Router1 和 Router2）建立通往 IPv4 网络中各个子网的传输路径。可以通过这些路由器中类型为 O 的路由项，建立 Router1 和 Router2 连接 IPv4 网络接口之间的传输路径。建立 Router1 和 Router2 连接 IPv4 网络接口之间的传输路径是成功建立图 7.33 中隧道的前提。

（3）在路由器 Router1 中配置隧道 1(Tunnel 1)两端信息。一端是 Router1 连接 IPv4 网络接口 FastEthernet0/1。另一端通过 IPv4 地址指定，隧道 1 另一端的 IPv4 地址是 192.1.3.2。为隧道接口配置 IPv6 地址，Router1 为隧道 1 的隧道接口配置 IPv6 地址 2003∷1/64。在 Router2 中完成同样配置，建立 Router1 和 Router2 连接 IPv4 网络接口之间的 IP 隧道。

（4）在 Router1 和 Router2 中启动 RIP 路由进程，指定参与 RIP 路由进程创建动态路由项过程的路由器接口，包括直接连接 IPv6 网络的物理接口和隧道接口。完成 Router1 和 Router2 RIP 路由进程配置后，Router1 IPv4 和 IPv6 路由表如图 7.35 和图 7.36 所示。Router3 和 Router4 的 IPv4 路由表如图 7.37 和图 7.38 所示。Router2 IPv4 和 IPv6 路由表如图 7.39 和图 7.40 所示。Router1 和 Router2 IPv6 路由表中类型为 R 的路由项是 RIP 路由进程创建的用于指明通往没有与其直接连接的 IPv6 网络的传输路径的路由项。

Type	Network	Port	Next Hop IP	Metric
C	192.1.1.0/24	FastEthernet0/1	---	0/0
O	192.1.2.0/24	FastEthernet0/1	192.1.1.2	110/2
O	192.1.3.0/24	FastEthernet0/1	192.1.1.2	110/3

图 7.35　Router1 IPv4 路由表

图 7.36　Router1 IPv6 路由表

图 7.37　Router3 IPv4 路由表

图 7.38　Router4 IPv4 路由表

图 7.39　Router2 IPv4 路由表

图 7.40　Router2 IPv6 路由表

（5）各个路由器建立完整路由表后，可以分析两类 IP 分组传输路径：一是 IPv4 网络中的路由项，其中最重要的是用于建立隧道两端之间传输路径的路由项。二是 IPv6 网络中用于建立两个路由器直接连接的 IPv6 网络之间的传输路径的路由项。这些路由项只存在于路由器 Router1 和 Router2 中，对于 IPv6 网络，IPv4 网络隐身为点对点 IP 隧道。

（6）PC0 与 PC3 自动获取的 IPv6 网络信息分别如图 7.41 和图 7.42 所示。发起 PC0 与 PC3 之间的通信过程。PC0 至 PC3 IPv6 分组的传输路径分为三段：一是 PC0 至路由器 Router1 的传输路径，IPv6 分组格式如图 7.43 所示，IPv6 分组的源和目的 IP 地址分别是 PC0 和 PC3 的全球 IPv6 地址。二是隧道 1 两端之间的传输路径，即路由器 Router1 连接 IPv4 网络接口至路由器 Router2 连接 IPv4 网络接口之间的 IPv4 分组传输路径，内层 IPv6 分组被封装成隧道格式，封装过程如图 7.44 所示。三是路由器 Router2 至 PC3 的传输路径，IPv6 分组格式与图 7.43 所示相同。

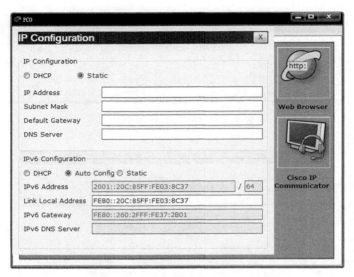

图 7.41　PC0 自动获取的 IPv6 网络信息

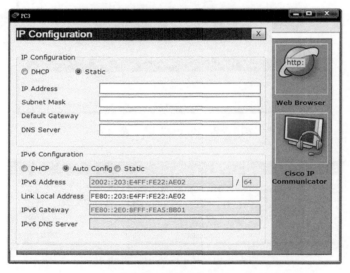

图 7.42　PC3 自动获取的 IPv6 网络信息

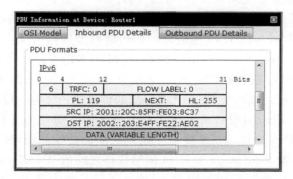

图 7.43　PC0 至 PC3 IPv6 分组格式

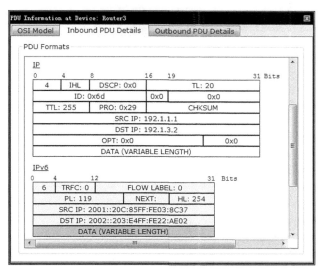

图 7.44　PC0 至 PC3 IPv4 隧道格式

7.6.5　命令行配置过程

1. Router1 命令行配置过程

```
Router>enable
Router#configure terminal
Router(config)#hostname Router1
Router1(config)#interface FastEthernet0/0
Router1(config-if)#no shutdown
Router1(config-if)#ipv6 address 2001::1/64
Router1(config-if)#ipv6 enable
Router1(config)#ipv6 unicast-routing
Router1(config)#interface FastEthernet0/1
Router1(config-if)#no shutdown
Router1(config-if)#ip address 192.1.1.1 255.255.255.0
Router1(config-if)#exit
Router1(config)#router ospf 01
Router1(config-router)#network 192.1.1.0 0.0.0.255 area 1
Router1(config-router)#exit
Router1(config)#interface tunnel 1
Router1(config-if)#ipv6 address 2003::1/64
Router1(config-if)#tunnel source FastEthernet0/1
Router1(config-if)#tunnel destination 192.1.3.2
Router1(config-if)#tunnel mode ipv6ip
Router1(config-if)#exit
Router1(config)#ipv6 router rip a1
Router1(config-rtr)#exit
Router1(config)#interface FastEthernet0/0
```

```
Router1(config-if)#ipv6 rip a1 enable
Router1(config-if)#exit
Router1(config)#interface tunnel 1
Router1(config-if)#ipv6 rip a1 enable
Router1(config-if)#exit
```

2. Router2 命令行配置过程

```
Router>enable
Router#configure terminal
Router(config)#hostname Router2
Router2(config)#interface FastEthernet0/0
Router2(config-if)#no shutdown
Router2(config-if)#ipv6 address 2002::1/64
Router2(config-if)#ipv6 enable
Router2(config-if)#exit
Router2(config)#ipv6 unicast-routing
Router2(config)#interface FastEthernet0/1
Router2(config-if)#no shutdown
Router2(config-if)#ip address 192.1.3.2 255.255.255.0
Router2(config-if)#exit
Router2(config)#router ospf 02
Router2(config-router)#network 192.1.3.0 0.0.0.255 area 1
Router2(config-router)#exit
Router2(config)#interface tunnel 1
Router2(config-if)#ipv6 address 2003::2/64
Router2(config-if)#tunnel source FastEthernet0/1
Router2(config-if)#tunnel destination 192.1.1.1
Router2(config-if)#tunnel mode ipv6ip
Router2(config-if)#exit
Router2(config)#ipv6 router rip a1
Router2(config-rtr)#exit
Router2(config)#interface FastEthernet0/0
Router2(config-if)#ipv6 rip a1 enable
Router2(config-if)#exit
Router2(config)#interface tunnel 1
Router2(config-if)#ipv6 rip a1 enable
Router2(config-if)#exit
```

3. Router3 命令行配置过程

```
Router>enable
Router#configure terminal
Router(config)#hostname Router3
Router3(config)#interface FastEthernet0/0
Router3(config-if)#no shutdown
Router3(config-if)#ip address 192.1.1.2 255.255.255.0
```

```
Router3(config-if)#exit
Router3(config)#interface FastEthernet0/1
Router3(config-if)#no shutdown
Router3(config-if)#ip address 192.1.2.1 255.255.255.0
Router3(config-if)#exit
Router3(config)#router ospf 03
Router3(config-router)#network 192.1.1.0 0.0.0.255 area 1
Router3(config-router)#network 192.1.2.0 0.0.0.255 area 1
Router3(config-router)#exi
```

4. Router4 命令行配置过程

```
Router>enable
Router#configure terminal
Router(config)#hostname Router4
Router4(config)#interface FastEthernet0/0
Router4(config-if)#no shutdown
Router4(config-if)#ip address 192.1.2.2 255.255.255.0
Router4(config-if)#exit
Router4(config)#interface FastEthernet0/1
Router4(config-if)#no shutdown
Router4(config-if)#ip address 192.1.3.1 255.255.255.0
Router4(config-if)#exit
Router4(config)#router ospf 04
Router4(config-router)#network 192.1.2.0 0.0.0.255 area 1
Router4(config-router)#network 192.1.3.0 0.0.0.255 area 1
Router4(config-router)#exit
```

5. 命令列表

路由器命令行配置过程中使用的命令及功能说明如表 7.8 所示。

表 7.8　命令列表

命令格式	功能和参数说明
tunnel mode {gre|ipv6ip}	指定隧道封装格式,默认值是 gre。如果创建 IPv6 to IPv4 隧道,需要选择 ipv6ip 封装格式

7.7　IPv6 网络与 IPv4 网络互连实验一

7.7.1　实验目的

一是掌握路由器接口 IPv4 地址和子网掩码与 IPv6 地址和前缀长度的配置过程。二是掌握路由器静态路由项配置过程。三是掌握路由器有关网络地址和协议转换(Network Address Translation-Protocol Translation,NAT-PT)的配置过程。四是验证 IPv6 网络和 IPv4 网络之间单向访问过程。五是验证 IPv4 分组和 IPv6 分组之间的转换过程。

7.7.2 实验原理

互连网络结构如图 7.45 所示。本实验只允许 IPv6 网络终端发起访问 IPv4 网络终端的访问过程。实现 IPv6 网络终端访问 IPv4 网络终端的过程必须做到三点：一是在 IPv6 网络中用 IPv6 地址标识 IPv4 网络中需要访问的终端；二是 IPv6 网络能够将以标识 IPv4 网络终端的 IPv6 地址为目的地址的 IPv6 分组传输给地址和协议转换器——路由器 R2；三是路由器 R2 能够实现 IPv6 分组至 IPv4 分组的转换。为了实现这三点，一是用 96 位前缀 2002::‖ IPv4 网络内终端的 IPv4 地址的方式构成 IPv6 网络唯一标识 IPv4 网络内终端的 IPv6 地址。二是 IPv6 网络中各个路由器必须将目的 IPv6 地址的 96 位前缀为 2002::/96 的 IPv6 分组传输给路由器 R2。三是在路由器 R2 中定义 IPv4 地址池，一旦接收到源 IP 地址属于需要进行地址转换的 IPv6 地址范围的 IPv6 分组，在 IPv4 地址池中选择一个未分配的 IPv4 地址，并在地址转换表建立该 IPv4 地址与 IPv6 分组源 IPv6 地址之间的映射，将该 IPv6 分组转换成 IPv4 分组时，以该 IPv4 地址作为 IPv4 分组的源 IP 地址。四是指定 IPv6 分组目的地址转换方式，将该 IPv6 分组转换成 IPv4 分组时，用 IPv6 分组目的 IPv6 地址的低 32 位作为 IPv4 分组的目的 IP 地址。

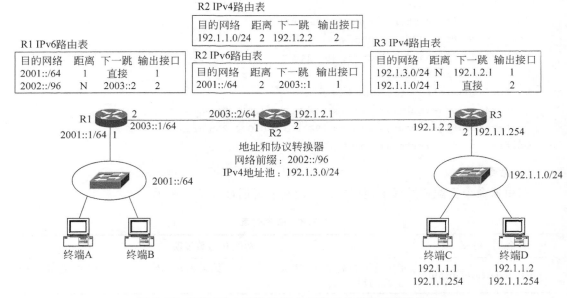

图 7.45　实现 IPv4 网络与 IPv6 网络互连的互连网络结构

路由器 R2 必须支持双协议栈，接口 1 连接 IPv6 网络，接口 2 连接 IPv4 网络。由于路由器 R2 用网络地址 192.1.3.0/24 作为 IPv4 地址池中的一组 IPv4 地址，IPv4 网络必须将以属于网络地址 192.1.3.0/24 的 IPv4 地址为目的地址的 IPv4 分组传输给路由器 R2。

本实验要求由 IPv6 网络终端发起访问 IPv4 网络终端的过程。当 IPv6 网络终端向 IPv4 网络终端发送 IPv6 分组时，源 IPv6 地址是 IPv6 网络内终端的全球 IPv6 地址，目的 IPv6 地址是 96 位前缀 2002::‖ IPv4 网络内终端的 IPv4 地址，IPv6 网络必须将这样的 IPv6 分组传输给路由器 R2。路由器 R2 将该 IPv6 分组转换成 IPv4 分组时，在配置的 IPv4

地址池中选择一个没有分配的 IPv4 地址作为源 IPv4 地址,并建立该 IPv4 地址和源 IPv6
地址之间的映射。用目的 IPv6 地址的低 32 位作为目的 IPv4 地址。当 IPv4 网络内的终端
向 IPv6 网络内的终端发送 IPv4 分组时,源 IPv4 地址是 IPv4 网络内终端的 IPv4 地址,目
的 IPv4 地址是与 IPv6 网络内终端的全球 IPV6 地址建立映射的 IPv4 地址池中的 IPv4 地
址。IPv4 网络必须将这样的 IPv4 分组传输给路由器 R2。路由器 R2 将该 IPv4 分组转换
成 IPv6 分组时,在地址转换表中检索目的 IPv4 地址对应的地址转换项,用该地址转换项中
的 IPv6 地址作为 IPv6 分组的目的 IPv6 地址,以 2002::‖ 源 IPv4 地址方式构建的 IPv6
地址作为 IPv6 分组的源 IPv6 地址。

7.7.3　关键命令说明

1. 建立源 IPv6 地址与源 IPv4 地址之间的关联

```
Router(config)#ipv6 nat v6v4 pool a1 192.1.3.1 192.1.3.100 prefix-length 24
Router(config)#ipv6 access-list a2
Router(config-ipv6-acl)#permit ipv6 2001::/64 any
Router(config-ipv6-acl)#exit
Router(config)#ipv6 nat v6v4 source list a2 pool a1
```

命令 ipv6 nat v6v4 pool a1 192.1.3.1 192.1.3.100 prefix-length 24 是全局模式下使
用的命令,该命令的作用是指定 IPv4 地址 192.1.3.1～192.1.3.100 为 IPv4 地址池中的一
组 IPv4 地址,其中 a1 是 IPv4 地址池名,192.1.3.1 是起始地址,192.1.3.100 是结束地址,
24 是前缀长度。

```
Router(config)#ipv6 access-list a2
Router(config-ipv6-acl)#permit ipv6 2001::/64 any
Router(config-ipv6-acl)#exit
```

这一组命令是指定允许进行源 IPv6 地址至 IPv4 地址转换的 IPv6 分组范围,其中命令
ipv6 access-list a2 定义名为 a2 的访问控制列表,并进入访问控制列表配置模式,permit
ipv6 2001::/64 any 指定允许进行源 IPv6 地址至 IPv4 地址转换的 IPv6 分组范围为源
IPv6 地址属于 2001::/64、目的 IPv6 地址任意的 IPv6 分组。

命令 ipv6 nat v6v4 source list a2 pool a1 是全局模式下使用的命令,该命令的作用是建
立允许进行源 IPv6 地址至 IPv4 地址转换的 IPv6 分组范围与 IPv4 地址池之间的关联。

执行上述命令后,一旦接收到源 IPv6 地址属于 2001::/64、目的 IPv6 地址任意的 IPv6
分组,在由一组 IPv4 地址 192.1.3.1～192.1.3.100 构成的 IPv4 地址池中选择一个未分配
的 IPv4 地址,建立该 IPv4 地址与该 IPv6 分组中源 IPv6 地址之间的映射,并在进行 IPv6
分组至 IPv4 分组转换时,用该 IPv4 地址作为 IPv4 分组的源 IPv4 地址。

2. 指定目的 IPv6 地址转换方式

```
Router(config)#ipv6 nat prefix 2002::/96
Router(config)#interface FastEthernet0/0
Router(config-if)#ipv6 nat prefix 2002::/96 v4-mapped a2
```

命令 ipv6 nat prefix 2002::/96 是全局模式下使用的命令,该命令的作用是指定允许进

行 IPv6 分组至 IPv4 分组转换的 IPv6 分组范围是目的 IPv6 地址的前缀为 2002::/96 的 IPv6 分组。该命令指定的条件与通过定义访问控制列表指定的条件是"与"关系,综合得出允许进行 IPv6 分组至 IPv4 分组转换的 IPv6 分组范围是源 IPv6 地址属于 2001::/64、目的 IPv6 地址的前缀为 2002::/96 的 IPv6 分组。

命令 ipv6 nat prefix 2002::/96 v4-mapped a2 是接口配置模式下使用的命令,该命令的作用:一是指定允许进行 IPv6 分组至 IPv4 分组转换的 IPv6 分组范围是源 IPv6 地址属于 2001::/64、目的 IPv6 地址的前缀为 2002::/96 的 IPv6 分组,a2 是指定源 IPv6 地址范围的访问控制列表名;二是给出目的 IPv6 地址至 IPv4 地址的转换方式是直接将目的 IPv6 地址的低 32 位作为 IPv4 地址。

3. 指定触发分组格式转换过程的接口

```
Router(config)#interface FastEthernet0/0
Router(config-if)#ipv6 nat
```

ipv6 nat 是接口配置模式下使用的命令,该命令的作用是将指定接口(这里为接口 FastEthernet0/0)定义为触发分组格式转换过程的接口,路由器只对通过这样的接口接收到 IPv6 分组或 IPv4 分组进行分组格式转换条件匹配操作,并在满足分组格式转换条件的前提下进行分组格式转换操作。

7.7.4 实验步骤

(1) 启动 Packet Tracer,在逻辑工作区根据图 7.45 所示的互连网络结构放置和连接设备。逻辑工作区完成设备放置和连接后的界面如图 7.46 所示。

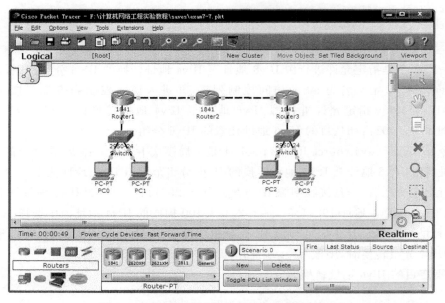

图 7.46 放置和连接设备后的逻辑工作区界面

(2) 根据图 7.45 所示配置信息完成路由器各个接口 IPv4 地址和子网掩码,IPv6 地址和前缀长度的配置。

（3）在路由器 Router2 中完成 NAT-PT 相关配置，一是建立允许进行 IPv6 分组至 IPv4 分组转换的 IPv6 分组范围与 IPv4 地址池之间的关联，并因此确定 IPv6 分组源 IPv6 地址至 IPv4 地址的转换方式。二是指定 IPv6 分组目的 IPv6 地址至 IPv4 地址的转换方式。三是指定触发分组格式转换过程的路由器接口。

（4）虽然 IPv6 网络中没有前缀为 2002::/96 的网络，但需在路由器 Router1 配置实现将目的 IPv6 地址的 96 位前缀为 2002::/96 的 IPv6 分组传输给 Router2 的静态路由项。同样，需在路由器 Router3 配置实现将目的网络为 192.1.3.0/24 的 IPv4 分组传输给 Router2 的静态路由项。Router1 的 IPv6 路由表如图 7.47 所示，Router2 的 IPv4 和 IPv6 路由表分别如图 7.48 和图 7.49 所示，Router3 的 IPv4 路由表如图 7.50 所示。

图 7.47　Router1 IPv6 路由表

图 7.48　Router2 IPv4 路由表

图 7.49　Router2 IPv6 路由表

图 7.50　Router3 IPv4 路由表

（5）为了验证 PC0 与 PC2 之间的连通性，在 PC0 通过创建复杂 PDU 工具生成一个如图 7.51 所示的源 IPv6 地址为 PC0 的全球 IPv6 地址 2001::240:BFF:FE39:B8DE、目的 IPv6 地址为 2002::192.1.1.1 的 IPv6 分组，192.1.1.1 是 PC2 的 IPv4 地址。

（6）进入模拟操作模式，截获 PC0 发送给 PC2 的分组，PC0 至 PC2 传输路径由两段分别属于 IPv6 网络和 IPv4 网络的路径组成，PC0 至 Router2 是一段属于 IPv6 网络的路径，IPv6 分组格式如图 7.52 所示。源 IPv6 地址是 PC0 的 IPv6 地址 2001::240:BFF:FE39:B8DE，目的 IPv6 地址是以 96 位前缀 2002:: ‖ PC2 IPv4 地址形式的 IPv6 地址 2002::192.1.1.1（以 16 位为单位分段后的形式为 2002::C001:101）。Router2 至 PC2 是一段属于

IPv4 网络的路径，IPv4 分组格式如图 7.53 所示。源 IPv4 地址是 IPv4 地址池中选择的 IPv4 地址 192.1.3.1，目的 IPv4 地址是目的 IPv6 地址 2002::192.1.1.1 的低 32 位 192.1.1.1。 PC2 至 PC0 传输路径由两段分别属于 IPv4 网络和 IPv6 网络的路径组成，PC2 至 Router2 是一段属于 IPv4 网络的路径，IPv4 分组格式如图 7.54 所示。源 IPv4 地址是 PC2 的 IPv4 地址 192.1.1.1，目的 IPv4 地址是与 PC0 的 IPv6 地址建立映射的 IPv4 地址 192.1.3.1。 Router2 至 PC0 是一段属于 IPv6 网络的路径，IPv6 分组格式如图 7.55 所示。源 IPv6 地址 是以 96 位前缀 2002:: ‖ PC2 IPv4 地址形式的 IPv6 地址 2002::192.1.1.1（以 16 位为单位 分段后的形式为 2002::C001:101），目的 IPv6 地址是与 IPv4 地址 192.1.3.1 建立映射的 IPv6 地址 2001::240:BFF:FE39:B8DE。

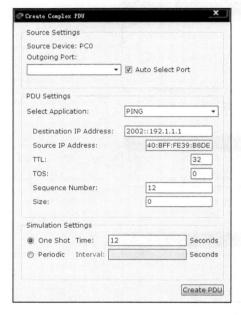

图 7.51　复杂 PDU 工具创建的 PC0
至 PC2 的 IPv6 分组

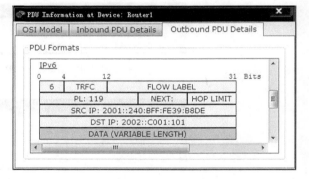

图 7.52　PC0→PC2 IP 分组 PC0 至 Router2
这一段 IPv6 分组格式

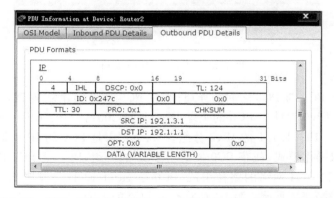

图 7.53　PC0→PC2 IP 分组 Router2 至 PC2 这一段 IPv4 分组格式

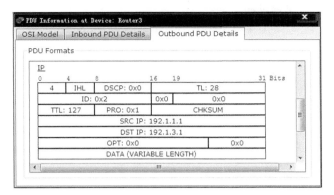

图 7.54　PC2→PC0 IP 分组 PC2 至 Router2 这一段 IPv4 分组格式

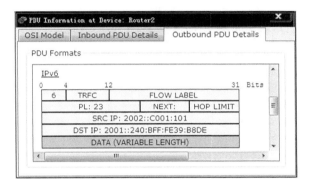

图 7.55　PC2→PC0 IP 分组 Router2 至 PC0 这一段 IPv6 分组格式

7.7.5　命令行配置过程

1. Router1 命令行配置过程

```
Router>enable
Router#configure terminal
Router(config)#hostname Router1
Router1(config)#interface FastEthernet0/0
Router1(config-if)#no shutdown
Router1(config-if)#ipv6 address 2001::1/64
Router1(config-if)#ipv6 enable
Router1(config-if)#exit
Router1(config)#interface FastEthernet0/1
Router1(config-if)#no shutdown
Router1(config-if)#ipv6 address 2003::1/64
Router1(config-if)#ipv6 enable
Router1(config-if)#exit
Router1(config)#ipv6 unicast-routing
Router1(config)#ipv6 route 2002::/96 2003::2
```

2. Router2 命令行配置过程

```
Router>enable
Router#configure terminal
Router(config)#hostname Router2
Router2(config)#interface FastEthernet0/0
Router2(config-if)#no shutdown
Router2(config-if)#ipv6 address 2003::2/64
Router2(config-if)#ipv6 enable
Router2(config-if)#ipv6 nat
Router2(config-if)#ipv6 nat prefix 2002::/96 v4-mapped a2
Router2(config-if)#exit
Router2(config)#interface FastEthernet0/1
Router2(config-if)#no shutdown
Router2(config-if)#ip address 192.1.2.1 255.255.255.0
Router2(config-if)#ipv6 nat
Router2(config-if)#exit
Router2(config)#ipv6 nat prefix 2002::/96
Router2(config)#ipv6 nat v6v4 pool a1 192.1.3.1 192.1.3.100 prefix-length 24
Router2(config)#ipv6 access-list a2
Router2(config-ipv6-acl)#permit ipv6 2001::/64 any
Router2(config-ipv6-acl)#exit
Router2(config)#ipv6 nat v6v4 source list a2 pool a1
Router2(config)#ip route 192.1.1.0 255.255.255.0 192.1.2.2
Router2(config)#ipv6 route 2001::/64 2003::1
```

3. Router3 命令行配置过程

```
Router>enable
Router#configure terminal
Router(config)#hostname Router3
Router3(config)#interface FastEthernet0/0
Router3(config-if)#no shutdown
Router3(config-if)#ip address 192.1.1.254 255.255.255.0
Router3(config-if)#exit
Router3(config)#interface FastEthernet0/1
Router3(config-if)#no shutdown
Router3(config-if)#ip address 192.1.2.2 255.255.255.0
Router3(config-if)#exit
Router3(config)#ip route 192.1.3.0 255.255.255.0 192.1.2.1
```

4. 命令列表

路由器命令行配置过程中使用的命令及功能说明如表 7.9 所示。

表 7.9　命令列表

命　令　格　式	功能和参数说明
ipv6 nat	指定触发分组格式转换过程的接口
ipv6 nat prefix *ipv6-prefix* / *prefix-length*	将目的 IPv6 地址前缀等于指定值作为触发 IPv6 分组至 IPv4 分组转换过程的其中一个条件。参数 *ipv6-prefix* 是前缀,参数 *prefix-length* 是前缀长度
ipv6　nat　prefix　*ipv6-prefix*　v4-mapped *access-list-name*	指定将目的 IPv6 地址转换成 IPv4 地址的方式及转换条件。参数 *ipv6-prefix* 是 96 位目的 IPv6 地址前缀,参数 *access-list-name* 是用于指定允许进行 IPv6 分组格式至 IPv4 分组格式转换的 IPv6 分组范围的访问控制列表名。该命令指定用目的 IPv6 地址的低 32 位作为 IPv4 地址
ipv6 nat v6v4 pool *name start-ipv4 end-ipv4* prefix-length *prefix-length*	指定构成 IPv4 地址池的一组 IPv4 地址。参数 *name* 是地址池名,参数 *start-ipv4* 是起始 IPv4 地址,参数 *end-ipv4* 是结束 IPv4 地址,参数 prefix-length 是前缀长度
ipv6　nat　v6v4　source｛list *access-list-name* pool *name* ｜ *ipv6-address ipv4-address*｝	将允许进行 IPv6 分组格式至 IPv4 分组格式转换的 IPv6 分组范围与 IPv4 地址池绑定在一起。或者建立 IPv6 地址与 IPv4 地址之间的静态映射。参数 *access-list-name* 是用于指定允许进行 IPv6 分组格式至 IPv4 分组格式转换的 IPv6 分组范围的访问控制列表名。参数 *name* 是 IPv4 地址池名。参数 *ipv6-address* 是建立静态映射的 IPv6 地址,参数 *ipv4-address* 是建立静态映射的 IPv4 地址
ipv6 access-list *access-list-name*	创建访问控制列表,并进入访问控制列表配置模式。参数 *access-list-name* 是访问控制列表名
permit　*protocol*　｛*source-ipv6-prefix* / *prefix-length* ｜ any ｜ host *source-ipv6-address*｝｛*destination-ipv6-prefix* / *prefix-length* ｜any｜host *destination-ipv6-address*｝	定义允许进行 IPv6 分组至 IPv4 分组转换操作的 IPv6 分组范围。参数 *protocol* 用于指定协议,这里为 IPv6。参数 *source-ipv6-prefix* / *prefix-length* 指定源 IPv6 地址前缀。参数 *source-ipv6-address* 指定源 IPv6 地址。参数 *destination-ipv6-prefix* / *prefix-length* 指定目的 IPv6 地址前缀。参数 *destination-ipv6-address* 指定目的 IPv6 地址。Any 表示任意 IPv6 地址,host 表示单个主机地址

7.8　IPv6 网络与 IPv4 网络互连实验二

7.8.1　实验目的

一是掌握路由器接口 IPv4 地址和子网掩码与 IPv6 地址和前缀长度的配置过程。二是掌握路由器静态路由项配置过程。三是掌握路由器 NAT-PT 配置过程。四是验证 IPv6 网络和 IPv4 网络之间的双向访问过程。五是验证 IPv4 分组和 IPv6 分组之间的转换过程。

7.8.2　实验原理

实现 IPv6 网络和 IPv4 网络之间双向访问过程的互连网络结构如图 7.56 所示。为了实现 IPv6 网络终端发起访问 IPv4 网络终端的访问过程,定义用于实现 IPv6 分组源 IPv6

地址至 IPv4 地址转换过程的静态地址映射 2001：：240：BFF：FE39：B8DE ←→ 192.1.3.253。由于只建立了终端 A 的 IPv6 地址与 IPv4 地址之间的静态映射，因此 IPv6 网络中只允许终端 A 发起访问 IPv4 网络中的终端。另外，还定义用于实现 IPv6 分组目的 IPv6 地址至 IPv4 地址转换过程的静态地址映射 2004：：99 ←→ 192.1.1.1。由于只建立了 IPv4 网络中终端 C 的 IPv4 地址与 IPv6 地址之间的静态映射，因此 IPv6 网络中的终端 A 只能发起访问 IPv4 网络中的终端 C。

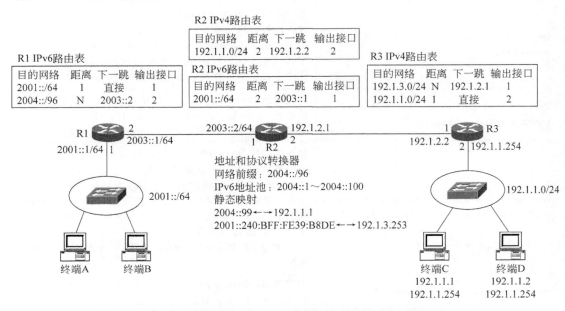

图 7.56　实现 IPv6 网络和 IPv4 网络之间双向访问过程的互连网络结构

为了实现 IPv4 网络终端发起访问 IPv6 网络终端的访问过程，定义了 IPv6 地址池，当路由器 R2 接收到允许进行 IPv4 分组格式至 IPv6 分组格式转换过程的 IPv4 分组时，在 IPv6 地址池中选择一个未分配的 IPv6 地址，并建立该 IPv6 地址与 IPv4 分组中源 IPv4 地址之间的映射。如果将允许进行 IPv4 分组格式至 IPv6 分组格式转换过程的 IPv4 分组范围定义为源 IPv4 地址属于网络 192.1.1.0/24 的 IPv4 分组，允许图 7.56 中的终端 C 和终端 D 发起访问 IPv6 网络中的终端。另外，还定义用于实现 IPv4 分组目的 IPv4 地址至 IPv6 地址转换过程的静态地址映射 2001：：240：BFF：FE39：B8DE ←→ 192.1.3.253。由于只建立了 IPv6 网络中终端 A 的 IPv6 地址与 IPv4 地址之间的静态映射，因此 IPv4 网络中的终端只能发起访问 IPv6 网络中的终端 A。

7.8.3　关键命令说明

1. 建立源 IPv4 地址与 IPv6 地址之间的关联

```
Router(config)#ipv6 nat v4v6 pool v6a2 2004::1 2004::100 prefix-length 96
Router(config)#access-list 1 permit 192.1.1.0 0.0.0.255
Router(config)#ipv6 nat v4v6 source list 1 pool v6a2
```

命令 ipv6 nat v4v6 pool v6a2 2004::1 2004::100 prefix-length 96 是全局模式下使用

的命令,该命令的作用是定义了由一组 2004::1~2004::100 IPv6 地址构成的 IPv6 地址池。其中 v6a2 是地址池名,2004::1 是起始 IPv6 地址,2004::100 是结束 IPv6 地址,96 是前缀长度。命令中关键词 v4v6 与 v6v4 的区别在于,v4v6 是用于实现源 IPv4 地址至 IPv6地址转换过程的 IPv6 地址池,主要作用于 IPv4 网络终端发起访问 IPv6 网络终端的访问过程。v6v4 是用于实现源 IPv6 地址至 IPv4 地址转换过程的 IPv4 地址池,主要作用于 IPv6网络终端发起访问 IPv4 网络终端的访问过程。IPv4 网络至 IPv6 网络传输过程中建立的源 IPv4 地址至 IPv6 地址之间的映射,用于实现 IPv6 网络至 IPv4 网络传输过程中目的IPv6 地址至 IPv4 地址的转换过程,前提是 IPv6 网络至 IPv4 网络传输过程是由建立地址映射的 IPv4 网络至 IPv6 网络传输过程引起的。

命令 access-list 1 permit 192.1.1.0 0.0.0.255 是全局模式下使用的命令,该命令的作用是将允许进行 IPv4 分组格式至 IPv6 分组格式转换过程的 IPv4 分组范围定义为所有源IPv4 地址属于网络 192.1.1.0/24 的 IPv4 分组。

命令 ipv6 nat v4v6 source list 1 pool v6a2 是全局模式下使用的命令,该命令的作用是将允许进行 IPv4 分组格式至 IPv6 分组格式转换过程的 IPv4 分组范围与 IPv6 地址池绑定在一起。1 是用于定义允许进行 IPv4 分组格式至 IPv6 分组格式转换过程的 IPv4 分组范围的访问控制列表编号,v6a2 是 IPv6 地址池名。

2. 建立 IPv4 地址与 IPv6 地址之间的静态映射

```
Router(config)#ipv6 nat v6v4 source 2001::240:BFF:FE39:B8DE 192.1.3.253
Router(config)#ipv6 nat v4v6 source 192.1.1.1 2004::99
```

命令 ipv6 nat v6v4 source 2001::240:BFF:FE39:B8DE 192.1.3.253 是全局模式下使用的命令,该命令的作用是建立 IPv6 地址 2001::240:BFF:FE39:B8DE 与 IPv4 地址192.1.3.253 之间的静态映射。关键词 v6v4 表明该地址映射或是用于实现 IPv6 网络至IPv4 网络传输过程中源 IPv6 地址至 IPv4 地址的转换过程,或是用于实现 IPv4 网络至IPv6 网络传输过程中目的 IPv4 地址至 IPv6 地址的转换过程。

命令 ipv6 nat v4v6 source 192.1.1.1 2004::99 是全局模式下使用的命令,该命令的作用是建立 IPv4 地址 192.1.1.1 与 IPv6 地址 2004::99 之间的静态映射。关键词 v4v6 表明该地址映射或是用于实现 IPv4 网络至 IPv6 网络传输过程中源 IPv4 地址至 IPv6 地址的转换过程,或是用于实现 IPv6 网络至 IPv4 网络传输过程中目的 IPv6 地址至 IPv4 地址的转换过程。由于已经定义了用于实现 IPv4 网络至 IPv6 网络传输过程中源 IPv4 地址至 IPv6地址转换过程的 IPv6 地址池,该命令的主要作用是用于实现 IPv6 网络至 IPv4 网络传输过程中目的 IPv6 地址至 IPv4 地址的转换过程。

7.8.4　实验步骤

(1) 启动 Packet Tracer,在逻辑工作区根据图 7.56 所示的互连网络结构放置和连接设备。逻辑工作区完成设备放置和连接后的界面如图 7.46 所示。

(2) 根据图 7.56 所示配置信息完成路由器各个接口 IPv4 地址和子网掩码,IPv6 地址和前缀长度的配置。

(3) 在路由器 Router2 中完成 NAT-PT 相关配置。一是建立允许进行 IPv4 分组格式至 IPv6 分组格式转换的 IPv4 分组范围与 IPv6 地址池之间的关联,并因此确定 IPv4 分组源 IPv4 地址至 IPv6 地址的转换方式。二是通过建立静态地址映射确定 IPv4 分组目的 IPv4 地址至 IPv6 地址的转换方式。三是通过建立静态地址映射确定 IPv6 分组源 IPv6 地址至 IPv4 地址、目的 IPv6 地址至 IPv4 地址的转换方式。四是指定触发分组格式转换过程的路由器接口。

(4)虽然 IPv6 网络中没有前缀为 2004::/96 的网络,但需在路由器 Router1 配置实现将目的 IPv6 地址的 96 位前缀为 2004::/96 的 IPv6 分组传输给 Router2 的静态路由项。同样,需在路由器 Router3 配置实现将目的网络为 192.1.3.0/24 的 IPv4 分组传输给 Router2 的静态路由项。Router1 的 IPv6 路由表如图 7.57 所示,Router2 的 IPv4 和 IPv6 路由表分别如图 7.58 和图 7.59 所示,Router3 的 IPv4 路由表如图 7.60 所示。

Type	Network	Port	Next Hop IP	Metric
C	2001::/64	FastEthernet0/0	---	0/0
C	2003::/64	FastEthernet0/1	---	0/0
L	2001::1/128	FastEthernet0/0	---	0/0
L	2003::1/128	FastEthernet0/1	---	0/0
L	FF00::/8	Null0	---	0/0
S	2004::/96	---	2003::2	1/0

图 7.57　Router1 IPv6 路由表

Type	Network	Port	Next Hop IP	Metric
C	192.1.2.0/24	FastEthernet0/1	---	0/0
S	192.1.1.0/24	---	192.1.2.2	1/0

图 7.58　Router2 IPv4 路由表

Type	Network	Port	Next Hop IP	Metric
C	2003::/64	FastEthernet0/0	---	0/0
L	2003::2/128	FastEthernet0/0	---	0/0
L	FF00::/8	Null0	---	0/0
S	2001::/64	---	2003::1	1/0

图 7.59　Router2 IPv6 路由表

Type	Network	Port	Next Hop IP	Metric
C	192.1.1.0/24	FastEthernet0/0	---	0/0
C	192.1.2.0/24	FastEthernet0/1	---	0/0
S	192.1.3.0/24	---	192.1.2.1	1/0

图 7.60　Router3 IPv4 路由表

(5)为了验证 PC0 发起访问 PC2 的访问过程,在 PC0 通过创建复杂 PDU 工具生成一个如图 7.61 所示的源 IPv6 地址为 PC0 的全球 IPv6 地址 2001::240:BFF:FE39:B8DE,目的 IPv6 地址为 2004::99 的 IPv6 分组,2004::99 是与 192.1.1.1 建立静态映射的 IPv6 地址。进入模拟操作模式,截获 PC0 发送给 PC2 的分组,PC0 至 PC2 传输路径由两段分别属于 IPv6 网络和 IPv4 网络的路径组成,PC0 至 Router2 是一段属于 IPv6 网络的路径,IPv6 分组格式如图 7.62 所示。源 IPv6 地址是 PC0 的 IPv6 地址 2001::240:BFF:FE39:

B8DE,目的 IPv6 地址是 2004∷99。Router2 至 PC2 是一段属于 IPv4 网络的路径,IPv4 分组格式如图 7.63 所示。源 IPv4 地址是与 2001∷240∶BFF∶FE39∶B8DE 建立静态映射的 IPv4 地址 192.1.3.253,目的 IPv4 地址是与 2004∷99 建立静态映射的 IPv4 地址 192.1.1.1。

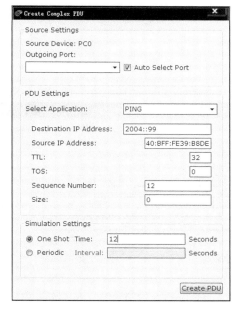

图 7.61　复杂 PDU 工具创建的 PC0
至 PC2 的 IPv6 分组

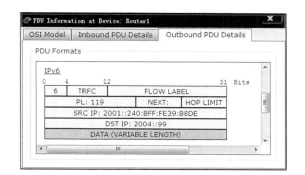

图 7.62　PC0→PC2 IP 分组 PC0 至 Router2
这一段 IPv6 分组格式

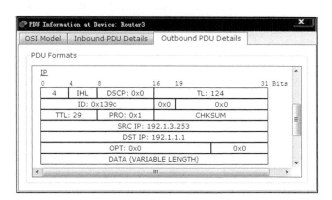

图 7.63　PC0→PC2 IP 分组 Router2 至 PC2 这一段 IPv4 分组格式

(6) 为了验证 PC3 发起访问 PC0 的访问过程,在 PC3 通过创建复杂 PDU 工具生成一个如图 7.64 所示的源 IPv4 地址为 PC3 的 IPv4 地址 192.1.1.2,目的 IPv4 地址是与 PC0 的 IPv6 地址建立静态映射的 IPv4 地址 192.1.3.253。PC3 至 PC0 传输路径由两段分别属于 IPv4 网络和 IPv6 网络的路径组成,PC3 至 Router2 是一段属于 IPv4 网络的路径,IPv4 分组格式如图 7.65 所示。源 IPv4 地址是 PC3 的 IPv4 地址 192.1.1.2,目的 IPv4 地址是与 PC0 的 IPv6 地址建立映射的 IPv4 地址 192.1.3.253。Router2 至 PC0 是一段属于 IPv6 网络的路径,IPv6 分组格式如图 7.66 所示。源 IPv6 地址是 IPv6 地址池中选择的未分配的

IPv6 地址 2004::1,目的 IPv6 地址是与 IPv4 地址 192.1.3.253 建立映射的 IPv6 地址 2001::240：BFF：FE39：B8DE。

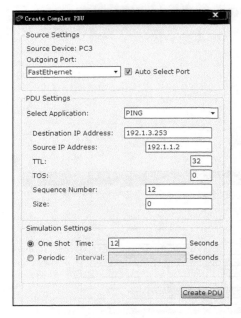

图 7.64　复杂 PDU 工具创建的 PC3
至 PC0 的 IPv4 分组

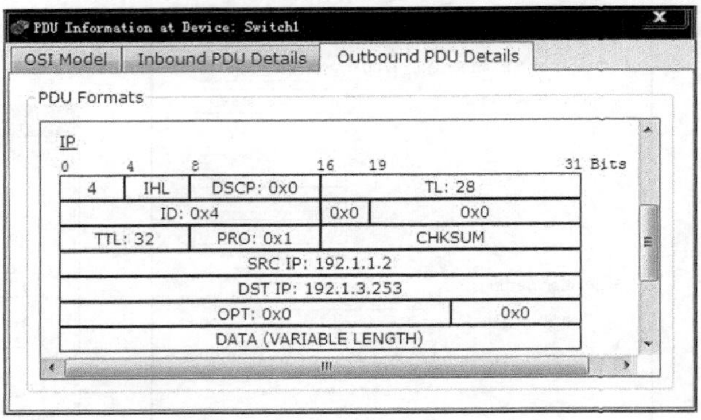

图 7.65　PC3→PC0 IP 分组 PC3 至 Router2
这一段 IPv4 分组格式

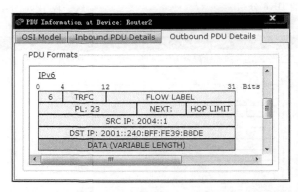

图 7.66　PC3→PC0 IP 分组 Router2 至 PC0 这一段 IPv6 分组格式

7.8.5　命令行配置过程

1. Router2 命令行配置过程

```
Router>enable
Router#configure terminal
Router(config)#hostname Router2
Router2(config)#interface FastEthernet0/0
Router2(config-if)#no shutdown
Router2(config-if)#ipv6 address 2003::2/64
```

```
Router2(config-if)#ipv6 enable
Router2(config-if)#ipv6 nat
Router2(config-if)#exit
Router2(config)#interface FastEthernet0/1
Router2(config-if)#no shutdown
Router2(config-if)#ip address 192.1.2.1 255.255.255.0
Router2(config-if)#ipv6 nat
Router2(config-if)#exit
Router2(config)#ipv6 nat prefix 2004::/96
Router2(config)#ipv6 nat v4v6 pool v6a2 2004::1 2004::100 prefix-length 96
Router2(config)#access-list 1 permit 192.1.1.0 0.0.0.255
Router2(config)#ipv6 nat v4v6 source list 1 pool v6a2
Router2(config)#ipv6 nat v6v4 source 2001::240:BFF:FE39:B8DE 192.1.3.253
Router2(config)#ipv6 nat v4v6 source 192.1.1.1 2004::99
Router2(config)#ip route 192.1.1.0 255.255.255.0 192.1.2.2
Router2(config)#ipv6 route 2001::/64 2003::1
```

Router3 的命令行配置过程与 7.7 节相同。Router1 的命令行配置过程除了静态路由项配置命令外,其他的与 7.7 节相同。

2. 命令列表

路由器命令行配置过程中使用的命令及功能说明如表 7.10 所示。

表 7.10　命令列表

命 令 格 式	功能和参数说明
ipv6 nat v4v6 pool *name start-ipv6 end-ipv6* prefix-length *prefix-length*	指定构成 IPv6 地址池的一组 IPv6 地址。参数 *name* 是地址池名,参数 *start-ipv6* 是起始 IPv6 地址,参数 *end-ipv6* 是结束 IPv6 地址,参数 prefix-length 是前缀长度
ipv6 nat v4v6 source｛list *access-list-number* pool *name* ｜ *ipv4-address ipv6-address*｝	将允许进行 IPv4 分组格式至 IPv6 分组格式转换的 IPv4 分组范围与 IPv6 地址池绑定在一起。或者建立 IPv4 地址与 IPv6 地址之间的静态映射。参数 *access-list-number* 是用于指定允许进行 IPv4 分组格式至 IPv6 分组格式转换的 IPv4 分组范围的访问控制列表编号。参数 *name* 是 IPv6 地址池名。参数 *ipv4-address* 是建立静态映射的 IPv4 地址,参数 *ipv6-address* 是建立静态映射的 IPv6 地址

第8章　网络设备配置实验

网络设备配置是网络设计和实施的基础,存在多种配置网络设备的方法,常见的有控制台端口配置、Telnet 远程配置和 SNMP 集中配置等方法,这些方法各有适用环境。

8.1　控制台端口配置网络设备实验

8.1.1　实验目的

一是掌握终端 RS-232 串行口和网络设备控制台端口之间的连接过程。二是掌握超级终端配置过程。三是掌握通过超级终端进入网络设备命令行配置界面的过程。

8.1.2　实验原理

网络结构如图 8.1 所示。用串行口连接线互连终端 RS-232 串行口和网络设备控制台端口。每个终端一次连接一台网络设备,因此控制台端口配置方式需要逐台连接、逐台配置网络设备。

(a) 路由器配置方式　　　　　　　　　　(b) 交换机配置方式

图 8.1　控制台端口配置方式

8.1.3　实验步骤

(1) 启动 Packet Tracer,在逻辑工作区根据图 8.1 所示的网络结构放置和连接设备,逻辑工作区完成设备放置和连接后的界面如图 8.2 所示。需要强调的是,连接终端和网络设备的连接线是控制台端口连接线(Console)。

图 8.2　放置和连接设备后的逻辑工作区界面

（2）启动终端桌面中的超级终端（Terminal）程序，出现图 8.3 所示的超级终端配置界面，单击 OK 按钮，进入网络设备命令行配置界面。图 8.4 所示是交换机命令行配置界面，图 8.5 所示是路由器命令行配置界面。

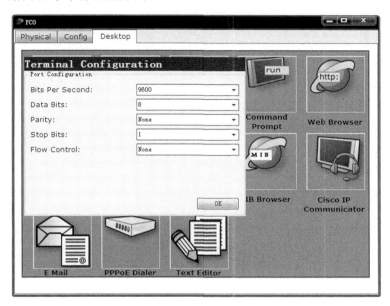

图 8.3　超级终端配置界面

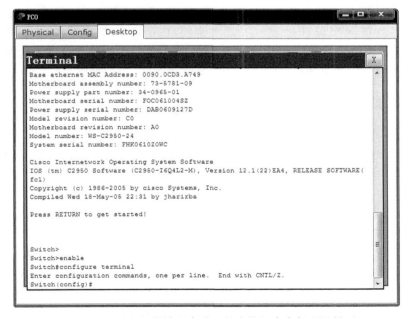

图 8.4　通过超级终端程序进入的交换机命令行配置界面

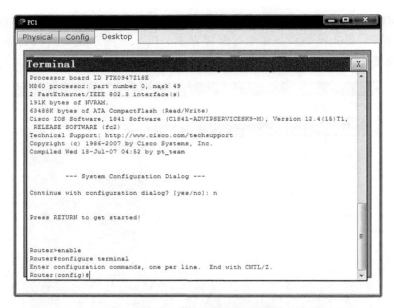

图 8.5　通过超级终端程序进入的路由器命令行配置界面

8.2　Telnet 远程配置网络设备实验

8.2.1　实验目的

一是掌握互连网络设计过程。二是掌握 Telnet 远程配置交换机过程。三是掌握 Telnet 远程配置路由器过程。四是掌握 RADIUS 服务器配置过程。五是掌握网络设备实现 Telnet 远程配置的先决条件。

8.2.2　实验原理

网络结构如图 8.6 所示。首先必须为交换机配置管理地址，这里交换机管理地址选择为 VLAN 1 对应的接口配置的 IP 地址，因此该地址必须属于分配给 VLAN 1 的网络地址。同时需要配置默认网关地址，默认网关地址是路由器与交换机属于 VLAN 1 的端口相连的接口的 IP 地址。路由器任何一个接口的 IP 地址可以作为管理地址。通过 Telnet 远程登录网络设备时，需要鉴别登录用户身份，存在三种登录用户身份鉴别机制：一是在线路（Line）配置模式设置口令，远程登录网络设备时必须输入该口令。二是在线路（Line）配置模式选择用本地创建的授权用户信息鉴别登录用户身份，同时在全局配置模式创建授权用户，远程登录网络设备时必须输入某个本地创建的授权用户的用户名和口令。三是在网络中配置基于 RADIUS 的 AAA 服务器（简称为 RADIUS 服务器，或 AAA 服务器），在 AAA 服务器中创建授权用户，在路由器中指定使用基于 RADIUS 的 AAA 服务器中的授权用户信息鉴别登录用户的身份，远程登录网络设备时必须输入某个 AAA 服务器中创建的授权用户的用户名和口令。图 8.6 中交换机 S1 使用口令鉴别机制，交换机 S2 使用本地鉴别机制，路由器 R 使用基于 RADIUS 的统一鉴别机制。网络设备必须设置 enable 口令，否则远程登录网络设备后，用户优先级是最低级，大多数命令无法使用。

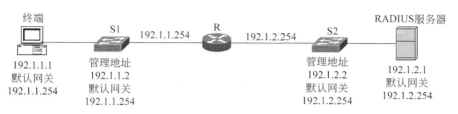

图 8.6　Telnet 配置方式

8.2.3　关键命令说明

1. 配置交换机管理地址及默认网关地址

```
Switch(config)#interface vlan 1
Switch(config-if)#ip address 192.1.1.2 255.255.255.0
Switch(config-if)#no shutdown
Switch(config-if)#exit
Switch(config)#ip default-gateway 192.1.1.254
```

二层交换机没有路由功能，因此命令 interface vlan 1 并没有创建 VLAN 1 对应的 IP 接口，只是进入 VLAN 1 对应的接口配置模式。命令 ip address 192.1.1.2 255.255.255.0 只是对 VLAN 1 对应的接口配置 IP 地址和子网掩码，与 IP 接口和路由器接口不同，对二层交换机 VLAN 1 对应的接口配置 IP 地址和子网掩码不会自动创建直连路由项，即不会使二层交换机认为该接口直接连接了一个网络地址由接口 IP 地址和子网掩码确定的网络。

命令 ip default-gateway 192.1.1.254 是全局模式下使用的命令，该命令的作用是为没有路由功能的二层交换机指定默认网关地址 192.1.1.254。

如果用 VLAN 1 对应的接口的 IP 地址作为管理地址，必须存在连接属于 VLAN 1 的交换机端口的路由器接口，并用该路由器接口的 IP 地址作为二层交换机的默认网关地址。

2. 设置进入特权模式的口令

```
Switch(config)#enable password asdf
```

命令 enable password asdf 是全局模式下使用的命令，该命令的作用是设置进入特权模式时需要输入的口令 asdf。

3. 配置口令鉴别机制

```
Switch(config)#line vty 0 15
Switch(config-line)#password abc
Switch(config-line)#exit
```

命令 line vty 0 15 是全局模式下使用的命令，该命令的作用是进入对编号 0~15 的虚拟终端线路进行配置的线路配置模式。用 Telnet 远程登录网络设备的方式就是虚拟终端线路方式。每一条虚拟终端线路对应一个 Telnet 会话，如果需要对所有 Telnet 会话实施控制，必须对所有虚拟终端线路做相应配置。

命令 password abc 是线路配置模式下使用的命令，该命令的作用是指定口令鉴别机制，并指定口令为 abc。用 Telnet 远程登录该网络设备时需要输入口令 abc。

4. 配置本地鉴别机制

```
Switch(config)#username aaa password bbb
Switch(config)#line vty 0 15
Switch(config-line)#login local
Switch(config-line)#exit
```

使用本地鉴别机制,需要创建本地授权用户,命令 username aaa password bbb 用于创建用户名为 aaa、口令为 bbb 的授权用户。

命令 login local 是线路配置模式下使用的命令,该命令的作用是指定本地鉴别机制。用 Telnet 远程登录该网络设备时,需要输入某个本地创建的授权用户的用户名和口令,如用户名 aaa 和口令 bbb。

5. 配置统一鉴别机制

```
Router(config)#aaa new-model
Router(config)#aaa authentication login a1 group radius
router(config)#line vty 0 15
router(config-line)#login authentication a1
router(config-line)#exit
```

命令 aaa authentication login a1 group radius 是全局模式下使用的命令,在启动网络设备 AAA 功能后,用该命令创建名为 a1,用于对远程登录用户进行身份鉴别的鉴别机制列表。鉴别机制列表中只指定了基于 RADIUS 的统一鉴别机制。实施基于 RADIUS 的统一鉴别机制必须配置与基于 RADIUS 的 AAA 服务器相关的信息。

命令 login authentication a1 是线路配置模式下使用的命令,该命令要求用名为 a1 的鉴别机制列表所指定的鉴别机制对远程登录用户进行身份鉴别。

8.2.4 实验步骤

(1) 启动 Packet Tracer,在逻辑工作区根据图 8.6 所示的网络结构放置和连接设备。逻辑工作区完成设备放置和连接后的界面如图 8.7 所示。

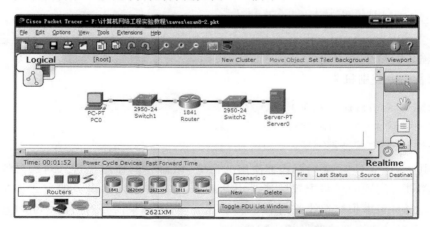

图 8.7　放置和连接设备后的逻辑工作区界面

(2) 为路由器接口配置 IP 地址和子网掩码,为交换机配置管理地址和默认网关地址。

由于默认状态下,所有交换机端口属于 VLAN 1,交换机配置的管理地址必须属于由连接该交换机的路由器接口的 IP 地址和子网掩码所确定的网络地址,默认网关地址是该路由器接口的 IP 地址。

(3) Switch1 确定使用口令鉴别机制。Switch2 确定使用本地鉴别机制,并创建本地授权用户。Router 确定使用基于 RADIUS 的统一鉴别机制,并配置基于 RADIUS 的 AAA 服务器的 IP 地址,Router 与 AAA 服务器交换 RADIUS PDU 时使用的密钥等。同时,完成 AAA 服务器配置。基于 RADIUS 的 AAA 服务器的配置界面如图 8.8 所示,需要给出 Router 的主机名 Router,Router 向 AAA 服务器发送 RADIUS PDU 时使用的 IP 地址 192.1.2.254,AAA 服务器与 Router 交换 RADIUS PDU 时使用的密钥 1234。同时,创建用户名为 ccc,口令为 ddd 的授权用户。

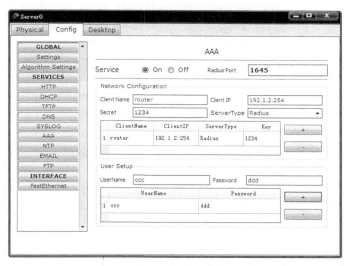

图 8.8　基于 RADIUS 的 AAA 服务器配置界面

(4) 完成上述配置后,PC0 可以用 Telnet 远程登录网络设备。图 8.9 是 PC0 远程登录 Switch1 的界面,图 8.10 是 PC0 远程登录 Switch2 的界面,图 8.11 是 PC0 远程登录 Router 的界面。

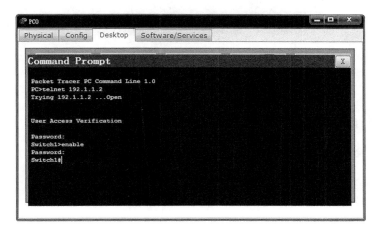

图 8.9　Telnet 登录 Switch1 界面

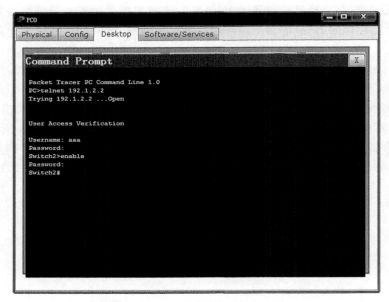

图 8.10　Telnet 登录 Switch2 界面

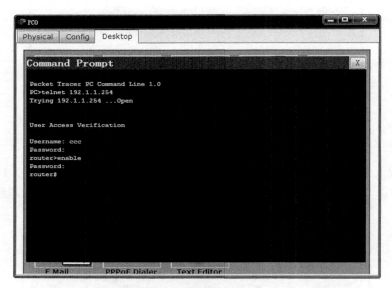

图 8.11　Telnet 登录 Router 界面

8.2.5　命令行配置过程

1. Switch1 命令行配置过程

```
Switch>enable
Switch#configure terminal
Switch(config)#hostname Switch1
Switch1(config)#interface vlan 1
```

```
Switch1(config-if)#ip address 192.1.1.2 255.255.255.0
Switch1(config-if)#no shutdown
Switch1(config-if)#exit
Switch1(config)#ip default-gateway 192.1.1.254
Switch1(config)#enable password asdf
Switch1(config)#line vty 0 15
Switch1(config-line)#password abc
Switch1(config-line)#exit
```

2. Switch2 命令行配置过程

```
Switch>enable
Switch#configure terminal
Switch(config)#hostname Switch2
Switch2(config)#interface vlan 1
Switch2(config-if)#ip address 192.1.2.2 255.255.255.0
Switch2(config-if)#no shutdown
Switch2(config-if)#exit
Switch2(config)#ip default-gateway 192.1.2.254
Switch2(config)#enable password asdf
Switch2(config)#username aaa password bbb
Switch2(config)#line vty 0 15
Switch2(config-line)#login local
Switch2(config-line)#exit
```

3. Router 命令行配置过程

```
Router>enable
Router#configure terminal
Router(config)#interface FastEthernet0/0
Router(config-if)#no shutdown
Router(config-if)#ip address 192.1.1.254 255.255.255.0
Router(config-if)#exit
Router(config)#interface FastEthernet0/1
Router(config-if)#no shutdown
Router(config-if)#ip address 192.1.2.254 255.255.255.0
Router(config-if)#exit
Router(config)#aaa new-model
Router(config)#aaa authentication login a1 group radius
Router(config)#hostname router
router(config)#enable password asdf
router(config)#radius-server host 192.1.2.1
router(config)#radius-server key 1234
router(config)#line vty 0 15
router(config-line)#login authentication a1
router(config-line)#exit
```

4. 命令列表

交换机和路由器命令行配置过程中使用的命令及功能说明如表 8.1 所示。

表 8.1　命令列表

命　令　格　式	功能和参数说明
line〔aux │ console │ tty │ vty〕*line-number*〔*ending-line-number*〕	指定特定线路,并进入线路配置模式。选项 aux 表示线路类型是辅助端口。选项 console 表示线路类型是控制台端口。选项 tty 表示线路类型是标准的异步线路。选项 vty 表示线路类型是虚拟终端线路。同时给出参数 *line-number* 和 *ending-line-number*,指定线路范围。给出单个参数,指定编号由参数指定的单条线路
password *password*	指定口令鉴别机制。参数 *password* 给出线路配置时需要输入的口令
login local	远程登录时,使用本地创建的授权用户信息鉴别远程登录用户身份
login authentication {default │ *list-name*}	远程登录时,用 AAA 配置的鉴别机制鉴别远程登录用户身份。*list-name* 是鉴别机制列表名
ip default-gateway *ip-address*	用于对没有路由功能的网络设备设置默认网关地址。参数 *ip-address* 指定默认网关地址
enable password〔level *level*〕*password*	设置进入特权模式的口令。参数 *password* 是进入特权模式时需要输入的口令。选项 level 将特权模式分为 16 个等级,默认等级是用 enable 命令进入的特权模式等级

8.3　SNMP 配置网络设备实验

8.3.1　实验目的

一是掌握网络设备 SNMP 配置过程。二是掌握确定被管对象的对象标识符方法。三是掌握查询被管对象值的方法。四是掌握设置被管对象值的方法。五是验证被管对象值的查询和设置过程。

8.3.2　实验原理

网络结构如图 8.12 所示。该实验在 8.2 节 Telnet 远程配置网络设备实验的基础上进行,增加交换机连接的终端只是为了方便查询和设置交换机端口状态。Packet Tracer 有关网络设备 SNMP 配置比较简单,只有一条用于配置具有只读权限,或读写权限的共同体的命令。

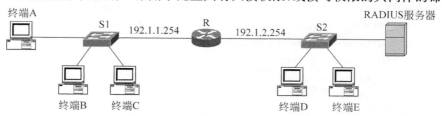

图 8.12　SNMP 网络管理系统

8.3.3 关键命令说明

```
Switch(config)#snmp-server community asdf rw
```

命令 snmp-server community asdf rw 是全局模式下使用的命令,该命令的作用是将字符串 asdf 作为 SNMP 共同体,并使得具有该共同体的授权用户具有读写被管对象的权限。在交换机中配置该命令后,掌握共同体 asdf 的授权用户通过 SNMP 工作站可以对该交换机中的被管对象进行读写操作。

8.3.4 实验步骤

(1) 启动 Packet Tracer,打开完成 8.2 节 Telnet 远程配置网络设备实验时存储的 PKT 文件,添加 PC1~PC4,生成图 8.13 所示的逻辑工作区界面。为 PC1~PC4 配置 IP 地址、子网掩码和默认网关地址。

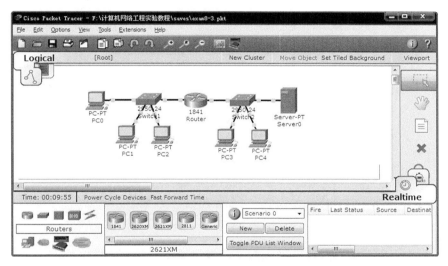

图 8.13 放置和连接设备后的逻辑工作区界面

(2) 启动各个网络设备 SNMP 管理功能,同时用公共体 asdf 作为读写 MIB 的通行证。

(3) 启动 PC0 桌面下的 MIB Browser 程序,出现图 8.14 所示界面。单击 Advanced 按钮,出现图 8.15 所示的 SNMP 配置界面。输入被管网络设备的 IP 地址,只读权限的公共体,或读写权限的公共体,这里输入路由器 Router 其中一个接口的 IP 地址 192.1.1.254 和读写权限公共体 asdf。

(4) 查询路由器接口 MAC 地址,在 SNMP MIB 栏中展开被管对象分支,确定被管对象 iso. org. dod. internet. mgmt. mib-2. interface. ifTable. ifEntry. ifPhysAddress。在操作 (Operations)栏中选中 GET 命令,单击 GO 按钮,结果表(Result Table)栏中出现路由器接口的 MAC 地址,操作结果如图 8.16 所示。Router 总共有三个接口:两个物理接口 FastEthernet0/0 和 FastEthernet0/1,以及一个 VLAN 1 接口。其中两个物理接口的 MAC 地址可以通过路由器接口配置界面获得。图 8.17 是接口 FastEthernet0/0 的配置界面,其 MAC 地址与通过 SNMP 查询到的其中一个接口的 MAC 地址相同。

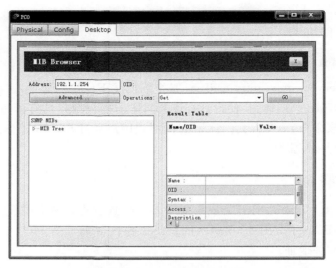

图 8.14　PC0 MIB Browser 界面

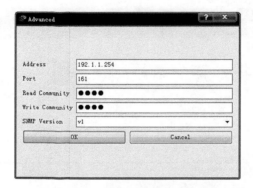

图 8.15　设置 SNMP 管理 Router 界面

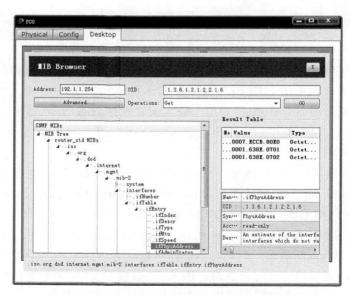

图 8.16　PC0 查询 Router 接口 MAC 地址界面

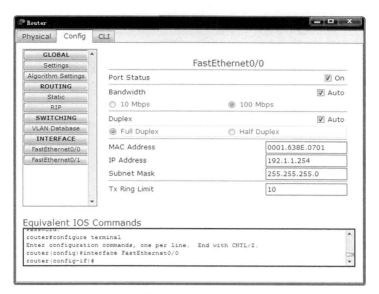

图 8.17　Router 接口 FastEthernet0/0 的 MAC 地址

（5）完成图 8.18 所示管理 Switch2 的 SNMP 配置。查询 Switch2 的端口状态，在 SNMP MIB 栏中展开被管对象分支，确定被管对象 iso. org. dod. internet. mgmt. mib-2. interface. ifTable. ifEntry. ifAdminStatus。在操作栏中选中 GET 命令，单击 GO 按钮，结果表栏中出现 Switch2 所有端口的状态。Switch2 共有 25 个端口，FastEthernet0/1～FastEthernet0/24，以及 VLAN 1 端口。目前处于 UP 状态的端口有 FastEthernet0/1～FastEthernet0/4，以及 VLAN 1 端口。操作过程如图 8.19 所示。

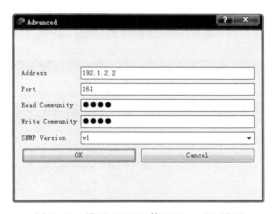

图 8.18　设置 SNMP 管理 Switch2 界面

（6）为了设置 FastEthernet0/3 端口状态，或者在 OID 栏中输入 FastEthernet0/3 端口对应的 OID，或者在结果表中选中 FastEthernet0/3 端口对应的状态，在操作栏中选中 SET 命令，出现图 8.20 所示的被管对象类型和值配置界面。在数据类型（Data Type）栏中选中 Integer，在值（Value）栏中输入 down 状态对应的值 2，单击 OK 按钮完成被管对象类型和值配置过程。单击 GO 按钮，完成 FastEthernet0/3 端口状态设置过程。图 8.21 是完成 FastEthernet0/3 端口状态设置过程后的结果表栏中的内容。

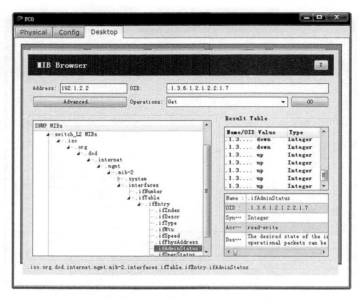

图 8.19　PC0 查询 Switch2 端口状态界面

图 8.20　PC0 设置 Switch2 端口 FastEthernet0/3 状态界面

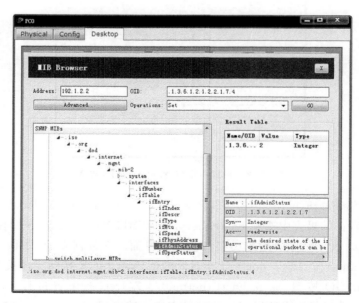

图 8.21　PC0 完成 Switch2 端口 FastEthernet0/3 状态设置后的界面

（7）在逻辑工作区界面，发现 Switch2 连接 PC3 的端口 FastEthernet0/3 已经关闭，PC3 无法通过端口 FastEthernet0/3 发送和接收数据。

8.3.5　命令列表

用于启动网络设备 SNMP 管理功能的命令及功能说明如表 8.2 所示。

表 8.2　命令列表

命 令 格 式	功能和参数说明
snmp-server　community　*string* ［ro ｜ rw］	参数 *string* 用于配置作为共同体的字符串。管理代理通过该字符串鉴别授权用户。选项 ro 表示授权用户对被管对象具有只读访问权限。选项 rw 表示授权用户对被管对象具有读写访问权限

参 考 文 献

［1］ Larry L. Peterson,Bruce S. Davie. Computer Networks,A Systems Approach Fourth Edition. 北京：机械工业出版社,2008.

［2］ Andrew S. Tanenbaum. Computer Networks Fourth Edition. 北京：清华大学出版社,2004.

［3］ Kennedy Clark,Kevin Hamilton. Cisco LAN Switching. 北京：人民邮电出版社,2003.

［4］ Jeff Doyle 著. 葛建立,吴剑章译. TCP/IP 路由技术(第一卷). 北京：人民邮电出版社,2003.

［5］ Jeff Doyle,Jennifer DeHaven Carroll. TCP/IP 路由技术(第二卷). 北京：人民邮电出版社,2003.

［6］ 谢希仁. 计算机网络. 第 5 版. 北京：电子工业出版社,2009.

［7］ 沈鑫剡等. 计算机网络技术及应用. 北京：清华大学出版社,2007.

［8］ 沈鑫剡. 计算机网络. 北京：清华大学出版社,2008.

［9］ 沈鑫剡. 计算机网络安全. 北京：清华大学出版社,2009.

［10］ 沈鑫剡等. 计算机网络技术及应用. 第 2 版. 北京：清华大学出版社,2010.

［11］ 沈鑫剡. 计算机网络. 第 2 版. 北京：清华大学出版社,2010.

［12］ 沈鑫剡等. 计算机网络技术及应用学习辅导和实验指南. 北京：清华大学出版社,2011.

［13］ 沈鑫剡,叶寒锋. 计算机网络学习辅导与实验指南. 北京：清华大学出版社,2011.

［14］ 沈鑫剡,叶寒锋,刘鹏,景丽. 计算机网络安全学习辅导与实验指南. 北京：清华大学出版社,2012.

［15］ 沈鑫剡. 路由和交换技术. 北京：清华大学出版社,2013.